服装制版、裁剪与缝纫

从入门到精通

张静 / 编著

人民邮电出版社

北京

图书在版编目（CIP）数据

服装制版、裁剪与缝纫从入门到精通 / 张静编著
. -- 北京 ：人民邮电出版社，2017.12
ISBN 978-7-115-45905-3

Ⅰ．①服… Ⅱ．①张… Ⅲ. ①服装量裁②服装缝制
Ⅳ．①TS941.63

中国版本图书馆CIP数据核字(2017)第219704号

内 容 提 要

本书的编写目的是让读者掌握成衣制版、裁剪和制作的技能，具备从事服装技术行业的能力。

本书主要由 3 大部分组成。第 1 部分为本书的第 1 章的内容，主要讲解了服装的基础知识，包括人体测量、服装号型及尺寸规格、服装的分类等方面的知识；第 2 部分为本书第 2~6 章的内容，主要讲解了成衣制版、裁剪、排料、缝纫和熨烫方面的内容，再辅以 29 个小案例的制作帮助读者掌握这方面的技能；第 3 部分为本书第 7~9 章的内容，通过对童装的内衣、开裆裤、连体衣、背心、男女童装，女式的喇叭袖衬衫、A 字裙、连衣裙、鱼尾裙、铅笔裤、西装、大衣，男式的裤子、衬衣、马甲、西装外套、风衣、夹克等 18 款服装具体介绍了从制版到缝制的详细操作步骤。

本书图文并茂，浅显易懂，适合从事服装设计、服装美学工艺设计或者服装裁剪工艺和服装制作的从业人员使用，也适合大中院校服装专业的学生使用。

◆ 编　著　张　静

责任编辑　王　铁

责任印制　陈　犇

◆ 人民邮电出版社出版发行　　北京市丰台区成寿寺路 11 号

邮编　100164　电子邮件　315@ptpress.com.cn

网址　http://www.ptpress.com.cn

三河市君旺印务有限公司印刷

◆ 开本：787×1092　1/16

印张：12.5　　　　　　　　　　2017 年 12 月第 1 版

字数：450 千字　　　　　　　　2024 年 10 月河北第 22 次印刷

定价：32.80 元

读者服务热线：(010)81055296　印装质量热线：(010)81055316
反盗版热线：(010)81055315
广告经营许可证：京东市监广登字 20170147 号

前言
FOREWORD

本书全面介绍了服装制版、裁剪及缝纫的基本知识,并在后半部分加入了操作实例,主要讲解了童装、男装和女装,包括裙装、裤装、衬衫、夹克、大衣、西装等服装款式的制版和缝制操作步骤。在讲解过程中加入操作要领的提示,使理论与实践更好地融合。

本书内容

本书共 9 章,主要内容如下。

- 第 1 章,讲解了人体的测量方法与服装尺寸规格。主要介绍人体的结构与特征,并详细地讲解了如何获得人体各部位的数据,以及在何种情况下需对尺寸进行大小加放。
- 第 2 章,讲解了制版的基本方法。主要介绍了服装制版所需的基本工具及符号标识等。
- 第 3 章,讲解了裁剪的基本方法。主要介绍了裁剪所需的基本工具、裁剪的基本方法及对面料的认识。
- 第 4 章,讲解了缝纫的基本方法。主要介绍了服装缝制所需的基本工具、熨烫需注意的事项,以及手缝方法和机缝方法。
- 第 5 章,讲解了服装局部制版。主要介绍了服装衣领、口袋及袖子的制版方法,包括衬衫领、戗驳领、海军领、立领、贴袋、挖袋、喇叭袖、泡泡袖等多种款式。
- 第 6 章,讲解了服装局部缝制。主要介绍了服装领、袖、口袋和拉链的缝制方法。
- 第 7 章,讲解了童装的基本款式。
- 第 8 章,讲解了女装款式。主要介绍了女式衬衫、连衣裙、鱼尾裙、铅笔裤及女式西装等多种款式从制版到制作的具体操作步骤。
- 第 9 章,讲解了男装款式。主要介绍了男式衬衫、西裤、短裤、马甲、风衣、夹克及男式西装等多种款式从制版到制作的具体操作步骤。

本书作者

本书由张静编著,参加编写和资料整理的有:陈运炳、申玉秀、李红萍、李红艺、李红术、陈云香、陈文香、陈军云、彭斌全、林小群、刘清平、钟睦、刘里锋、朱海涛、廖博、喻文明、易盛、陈晶、张绍华、黄柯、何凯、黄华、陈文轶、杨少波、杨芳、刘有良、刘珊、赵祖欣、齐慧明、胡莹君、杨玄等。

由于作者水平有限,书中错误、疏漏之处在所难免。在感谢您选择本书的同时,也希望您能够把对本书的意见和建议告诉我们。

作者邮箱:lushanbook@qq.com

读者 QQ 群:327209040

编 者

2017 年 5 月 8 日

Chapter 1

人体测量基础知识与服装尺寸规格　8

Chapter 2

制版的基本方法　20

目录 CONTENTS

Chapter 3

裁剪与排料的基本方法　37

Chapter 4

缝纫和熨烫的基本方法　　47

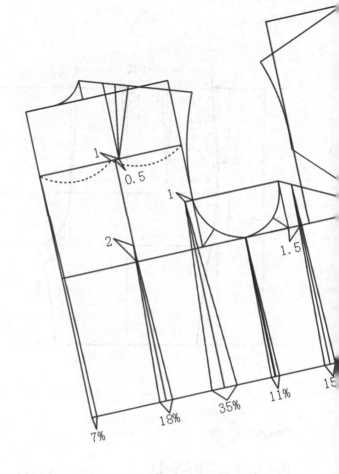

Chapter 5

服装局部制版　　75

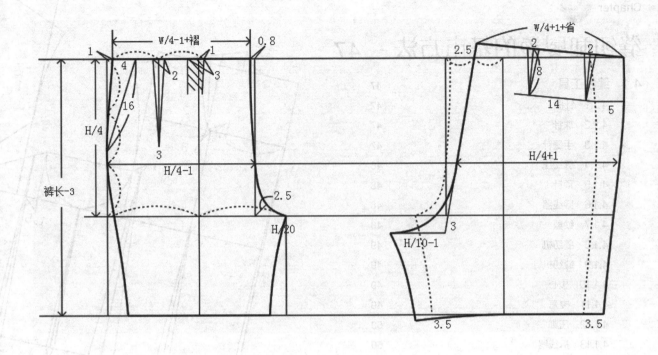

人体测量基础知识与服装尺寸规格

服装结构制图的依据就是服装规格，人体测量是取得服装规格的主要来源之一。人体测量是指对人体有关部位的长度、宽度及围度进行测量，将测量结果作为服装结构制图的直接依据。

1.1 人体测量的基础知识

下面介绍人体测量方法和基础知识，为深入学习打下基础。

1.1.1 人体结构及体表部位的两种表示方法

人体结构部位如图1-1所示，按服装的构成需要，为方便人体测量，可将人体的体表部位分别用点和线来表示。点表示法如图 1-2所示。

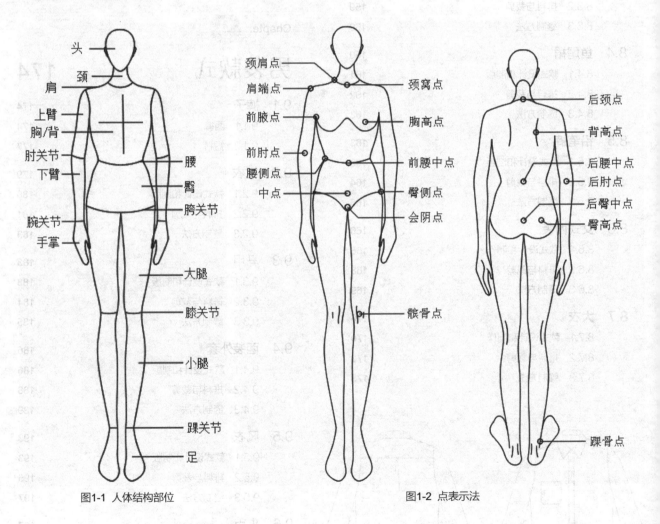

图1-1 人体结构部位　　　　　　　　　　　　　　　　图1-2 点表示法

线表示法如图1-3所示。

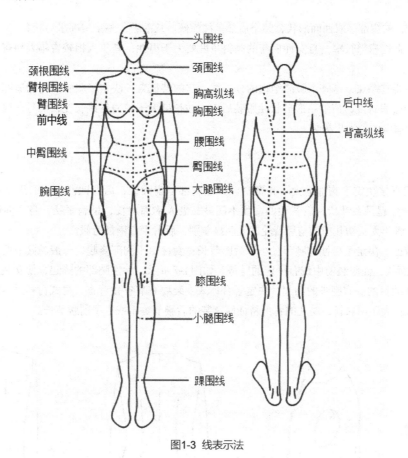

图1-3 线表示法

1.1.2 人体各部位的特征

1. 颈部

人体颈部呈上细下粗的不规则圆柱形，从侧面看，颈部向前呈倾斜状，如图1-4所示。

男性颈部较为粗犷，有喉结且外观明显；女性颈部较细，喉结没有男性明显，平坦不显露；老人颈部皮肤松弛；幼儿颈部短而细，发育不完全，喉结特征不明显。

颈部的形状直接决定了衣领的基本结构，由于颈部呈不规则圆柱状及向前倾斜，所以领片造型（即领子的形状）基本是前领角窄后领角宽，前后领的弧度也不一样，后领弧度比前领弧度平缓。又因为颈部上细下粗，所以领片规格也是上小下大，如图1-5所示。

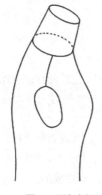

图1-4 颈部侧面

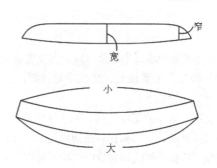

图1-5 颈部形状与领片的关系

2. 肩部

肩端呈球面形状，前肩部呈双曲面形状，整个肩部稍往前倾。从前看，整个肩部呈弓状。

男性肩部较宽，女性肩部较窄，且女性肩膀的倾斜角度要大于男性；老年人相较青年人而言，肩薄而斜；幼儿的肩则更窄一些。

肩部是服装的主要支撑点，是整个服装结构的分界线，它的特征直接决定了服装结构的肩部形状。肩部前倾使服装的前肩斜度大于后肩斜度，肩的弓形形状使服装后肩斜线长度大于前肩斜线长度，而且一般女装的肩宽窄于男装，女装肩斜及前后肩斜的差大于男装。

3. 前胸与后背

人体胸廓的形状直接决定了胸部的大小和宽窄。男性胸部呈扁圆状，后背凹凸变化明显；女性胸廓短小于男性，也呈扁圆状，胸隆起呈圆锥状，后背凹凸变化不明显；老人胸廓扁长，呈扁平状，身形佝偻，所以后背较浑圆，脊柱弯曲度大于青年人；幼儿前胸与后背轮廓无明显差别，后背平直往后倾。

前胸与后背的特征，决定了男性前腰节长小于后腰节长；女性由于胸部隆起，一般前腰节要大于后腰节，如图1-6所示。前胸的球面状，使服装前中线有一定的劈势。如图1-7所示，女性胸部的隆起，使女装通过收省、分割缝形式来达到服装合体的目的。肩胛骨的凸起，决定了合体式女装要有肩省和背省。男式衬衫过肩线加裥；老人由于身形佝偻，通常后衣长大于前衣长；幼儿的背部特征使童装的后腰节等于或小于前腰节长。

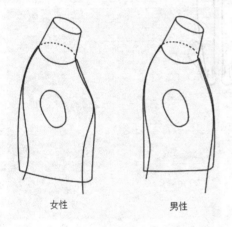

女性　　　　　男性

图1-6 男女前后腰节对比

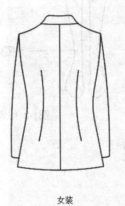

女装　　　　　男装

图1-7 男女装对比

4. 腰部

腰部截面呈扁圆状，小于胸围和臀围，腰部两侧及后腰呈曲面。

男性腰部较宽，腰两侧凹陷不明显；女性腰窄于男性，腰部凹陷明显；老人腰部凹陷，腰部曲线弱于青年人；幼儿腰部呈圆桶状，腹部凸出，腰节不明显。男女腰部的宽窄差异，决定了女装吸腰量要大于男装。幼儿与老年人的服装由于胸腰差较接近，一般以直腰为主。

5. 上肢与衣袖

上肢由上臂、下臂和手掌三个部分组成，上肢的肩关节、肘关节及腕关节使手臂能够前后左右活动。

男性手臂较粗较长，手掌较大；女性手臂较细，手掌相对狭小；老人手臂与年轻时无较大差异，但肌肉会萎缩；幼儿手臂短而圆，手掌小。

上肢的形状决定了衣袖的基本结构，当上肢弯曲时，上臂和下臂成一定角度。在对衣袖进行结构设计时，前袖需往内凹，后袖需往外凸，一片袖在后袖袖肘处设肘省，使之符合人体手臂曲线，如图1-8所示。肩部的浑圆外形轮廓形成了袖山弧线。后袖山弧线与前袖山弧线不对称，主要原因是背部肩胛骨凸起而形成的。

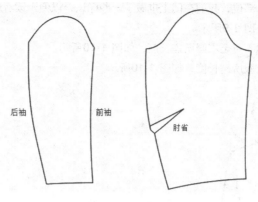

图1-8 前后袖对比

6. 腹部与臀部

男性属于H型身材，臀部偏窄且小于肩宽，臀腰差较小；女性臀部偏宽且大于肩宽，臀腰差大于男性。老年男性的臀部无明显变化，腹部外凸；老年女性的臀部下垂，腹部也外凸；幼儿臀部较窄，且外凸不大明显。臀部外凸的特征，直接决定了西裤后窿门大于前窿门。裤装腰前收裥后腰收省主要是由臀腰差及腹部和臀部的外凸造成的，由于女性臀腰差大于男性，因此前腰裥量和后腰省量都要大于男性，而幼儿几乎没有臀腰差，通常以橡皮筋为腰头。

7. 下肢

下肢是由大腿、小腿和足部组成的，男性膝盖宽于女性，两腿合并可见缝隙；女性大腿脂肪较多，两腿合并缝隙不明显；老人因关节肌肉萎缩，下肢较年轻时短；幼儿腿部整体浑圆。对裤子形状产生一定影响的就是下肢的结构，由于人体脚面隆起且往前端倾斜，所以前裤脚略微上翘，后裤脚略微下垂，膝关节则是测量裙装及长款服装的重要依据。

1.1.3 测量方法及图示

测量人体围度一般是测量净样规格，即在仅穿内衣的情况下用软尺贴于静态时的人体表面，获取的数据即为人体净样规格。根据人体活动所需，要在净样规格中加入适当放松量，放松量大小则根据服装款式来决定。

测量注意事项

- 测量时必须了解人体各有关部位，才能测出正确数值。与服装相关的人体主要部位有颈、肩、背、胸、腹、腋、腰、胯、臀、腿根、膝、踝、臂、腕等。若被测者有特殊体征的部位，应做好记录，以便作相应调整。
- 要求被测者姿态端正，呼吸自然，不能低头，不能挺胸等，以免影响所量规格的准确性。
- 测量时软尺不宜过紧或过松，保持横平竖直。
- 测量跨季衣服时应注意对测量规格有所增减。
- 做好每一测量部位的规格记录，注明必要的说明或简单画上服装式样，注明特殊体型特征及要求等。

测量要点的说明

- 根据穿着要求，对同一个穿着对象来说，其西服的袖长要比中山服短，因西服的穿着要求是袖口处要露出二分之一衬衫袖头。
- 根据衣片结构特点，夹克衫的袖长比一般款式要长，因一片袖的结构特点使得外袖弯线弯势较小。
- 根据款式特点，装垫肩的衣袖要比不装垫肩的衣袖长，袖口收细褶的比不收细褶的袖长要长。
- 根据造型特点，紧身型与宽松型的放松量有区别，曲线型的比直线型的放松量要少。
- 根据穿着层次，衣服面料厚的比衣服面料薄的要长一些。

下面列举一些比较重要的测量部位，我们在图上也做了一些标识，以便于读者理解。

身高：由头骨量至后脚跟，如图1-9所示。

前衣长：由颈肩点过胸高点向下量至衣服所需长度，如图1-10所示。

后衣长：由后颈点向下量至衣服所需长度，如图1-10所示。

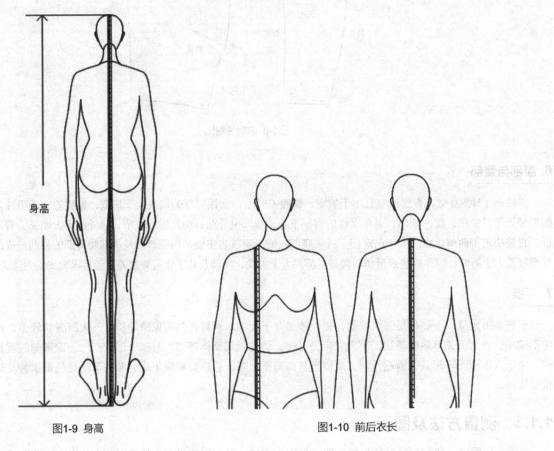

图1-9 身高　　　　　　　　　　　　　　图1-10 前后衣长

头围：过前额和后枕骨量一周，如图1-11所示。

颈围：绕颈部最细处量一周，如图1-11所示。

肩宽：由左肩端点过后颈点量至右肩端点，如图1-12所示。

背长：由后颈点向下量至腰节线，如图1-13所示。

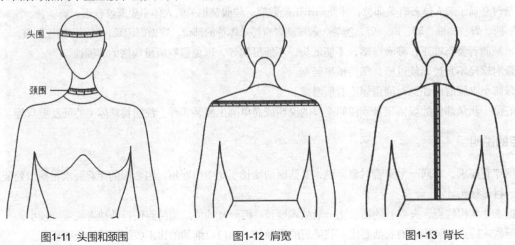

图1-11 头围和颈围　　　　　图1-12 肩宽　　　　　图1-13 背长

胸高位：由颈肩点向下量至胸部最高处，如图1-14所示。

乳距：由左胸最高点量至右胸最高点之间的距离，如图1-15所示。

前胸宽：胸部两侧腋下之间的距离，如图1-16所示。

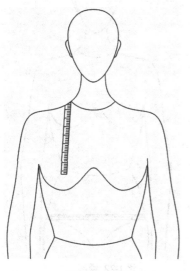

图1-14 胸高位

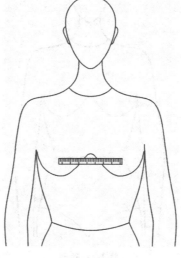

图1-15 乳距

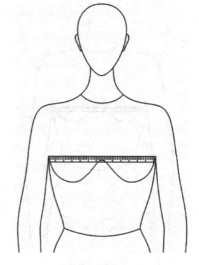

图1-16 前胸宽

前腰节长：由颈肩点向下量至腰节线，如图1-17所示。

臂围：绕臂部最丰满处量一周，如图1-18所示。

腕围：绕手腕最细处量一周，如图1-18所示。

臂长：由肩端点量至腕关节，如图1-19所示。

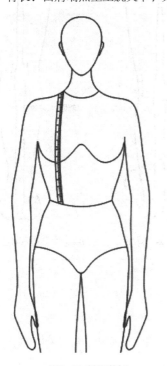

图1-17 前腰节长

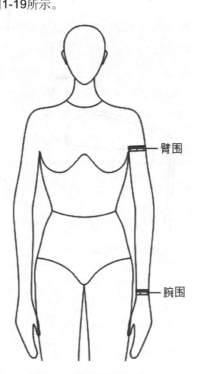

图1-18 臂围和腕围

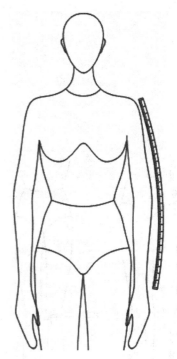

图1-19 臂长

胸围：过胸部最高处（BP）量一周，如图1-20所示。

腰围：绕腰部最细处量一周，如图1-21所示。

臀围：绕臀部最丰满处量一周，如图1-22所示。

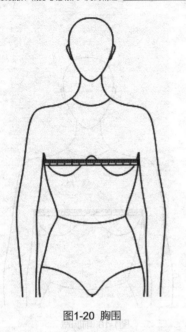
图1-20 胸围

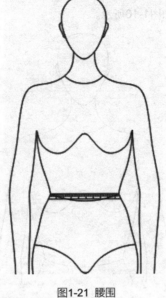
图1-21 腰围

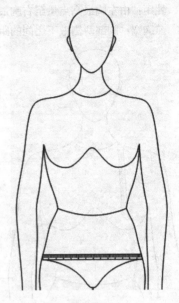
图1-22 臀围

上裆长：人体保持坐姿时腰节线至凳面的距离，如图1-23所示。

臀高：由侧腰节线量至臀部最丰满处，如图1-24所示。

大腿围：绕腿根最丰满处量一周，如图1-25所示。

小腿围：绕小腿最粗处量一周，如图1-25所示。

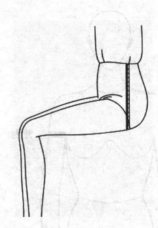
图1-23 上裆长

图1-24 臀高

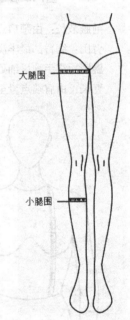
图1-25 大腿围和小腿围

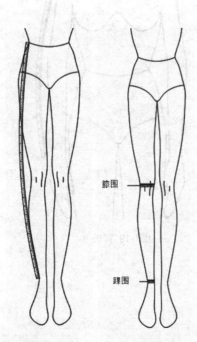
图1-26 腿长　图1-27 膝围和踝围

腿长：由腰节线量至踝关节，如图1-26所示。

膝围：绕膝关节最细处量一周，如图1-27所示。

踝围：过踝关节量一周，如图1-27所示。

1.2　服装号型及尺寸规格

服装号型是指人体的高度和宽度，尺寸规格通常是指服装成品的尺寸大小。

1.2.1　成品服装规格的表示方法

我们在表示成品服装规格时，总是选择最有代表性的一个或几个部位尺寸来表示。这种部位尺寸又可以称为示明规格，常用的方法有以下几种。

- 服装号型表示法，选择身高、胸围或臀围为代表部位来表示服装的规格，这是最通用的服装规格表示方法。人体身高为号，胸围或臀围为型，并且根据体型差异将体型分类，以代码表示，如160/84A等（A是体型分类）。
- 领围制，以领围尺寸来表示服装的规格。男式衬衫的规格常用此方法表示，如40cm、41cm等。
- 胸围法，以胸围来表示服装的规格，适用于贴身内衣、运动衣、羊毛衫等针织类的服装，如90cm、100cm。
- 代号制，将服装规格按大小分类，以代号表示，这是服装规格较简单的表示方法，如S、M、L、XL等；或以数字表示，如6号、7号等。

1.2.2　服装标准号型规格

服装号型制是比较常用的一种服装规格表示方法，它一般选用高度（身高）、围度（胸围或腰围）再加体型类别来表示服装规格。而标准是国家或行业部门关于服装号型作出的一系列统一规定。

号型定义

- 号，是指人体的身高，以厘米为单位表示，是设计和选购服装长短的依据。服装上标明的号的数值，表示该服装适用于身高与此号相近的人。例如，160号，适用于158~162cm的人，依次类推。
- 型，是指人体的胸围和腰围，以厘米为单位表示，是设计和选购服装肥瘦的依据。服装上标明的型的数值及体型分类代号，表示该服装适用于胸围或腰围与此型相似，以及胸围或腰围之差数值在此范围之内的人。例如，上装84A，适用于胸围82~85cm，以及胸围与腰围之差在14~18cm之内的人，以此类推。

人体体型分类如表1-1所示。

表 1-1　人体体型分类（单位：cm）

体型分类代号		Y	A	B	C
胸腰差值/cm	男	17~22	12~16	7~11	2~6
	女	19~24	14~18	9~13	4~8

服装必须标明号型，套装中的上、下装分别表明号型。号与型之间用斜线分开，斜线前为号，斜线后为型，后接体型分类代号，如170/92B。

号型系列

把人体的号和型进行有规则的分档排列，即为号型系列。号型系列以各中间体（男170/88A、女160/84A）为中心，如表1-2所示，向两边依次递增或递减组成。

- 身高以5cm分档组成系列。
- 胸围以4cm分档组成系列，腰围以4cm、2cm分档组成系列。
- 身高与胸围搭配组成5、4号型系列，身高与腰围搭配组成5-4系列、5-2系列，如表1-3和表1-4所示。

表 1-2　男女体型中间标准体（单位：cm）

体型		Y	A	B	C
男	身高	170	170	170	170
	胸围	88	88	92	96
	腰围	70	74		92
女	身高	160	160	160	160
	胸围	84	84	88	88
	腰围	64	68	78	82

表 1-3　女子5-4 和5-2A号型系列（单位：cm）

身高 腰围 胸围	150			155			160			165			170			175		
72	54	56	58	54	56	58	54	56	58									
76	58	60	62	58	60	62	58	60	62	58	60	62						
80	62	64	66	62	64	66	62	64	66	62	64	66	62	64	66			
84	66	68	70	66	68	70	66	68	70	66	68	70	66	68	70	66	68	70
88	70	72	74	70	72	74	70	72	74	70	72	74	70	72	74	70	72	74
92				74	76	78	74	76	78	74	76	78	74	76	78	74	76	78
96							78	80	82	78	80	82	78	80	82	78	80	82

表 1-4　男子5-4 和5-2A号型系列（单位：cm）

身高 腰围 胸围	155			160			165			170			175			180		
72				56	58	60	56	58	60									
76	60	62	64	60	62	64	60	62	64	60	62	64						
80	64	66	68	64	66	68	64	66	68	64	66	68	64	66	68			
84	68	70	72	68	70	72	68	70	72	68	70	72	68	70	72	68	70	72
88	72	74	76	72	74	76	72	74	76	72	74	76	72	74	76	72	74	76
92				76	78	80	76	78	80	76	78	80	76	78	80	76	78	80
96							80	82	84	80	82	84	80	82	84	80	82	84
100										84	86	88	84	86	88	84	86	88

1.2.3　服装放松量的要求

　　"净尺寸"，是指直接测量人体得到的尺寸，而且测量时，被测者要穿紧身单衣。净尺寸只是人体的写照，是服装裁剪最基本的依据，在其基础上要根据具体服装样式加放一定的宽松量，也就是服装与人体之间的空隙量，其后所得的数据才能用来进行服装裁剪。其中加放的量就叫作服装的"放松量"，如表1-5和表1-6所示，放松量越小，服装越紧身，反之服装越宽松。

表 1-5 男装放松量一览表（单位：cm）

服装名称	长度标准		围度加放量			
	衣长或裤长	袖长	胸围	腰围	臀围	领围
短袖衬衣	齐虎口	肘关节上5	16~20			2~3
长袖衬衣	齐虎口	手腕下1.5	18~22			2~3
短裤	膝盖上12			10~12	2~3	
长裤	离地面2			10~14	2~3	
西装	大拇指中节	齐手腕	16~20	10~14		
西装马甲	腰节下15		8~12			
中山装	大拇指中节	手腕下2	18~22	12~14		3~4

注：因气候和穿着条件不同，表内的尺寸仅供参考，可根据款式自行调整。

表 1-6 女装放松量一览表（单位:cm）

服装名称	长度标准		围度加放量			
	衣长或裤长	袖长	胸围	腰围	臀围	领围
短袖衬衫	手腕下1	肘关节上8	10~12		6~8	2~3
长袖衬衫	手腕下2	手腕下1	12~14		6~10	2~3
短裤	膝盖上12~18			0~2	4~10	
长裤	离地面2			1~3	6~12	
西装	齐虎口	手腕下1	12~14		10~12	
西装马甲	腰节下12		8~12		8~10	
短大衣	膝盖上5	手腕下3	14~18		10~12	
长大衣	膝盖下15	手腕下3	14~18		12~14	
连衣裙	膝盖下10	肘关节上8	10~12		8以上	
短裙	膝盖上10			0~2	4以上	
旗袍	离地面18~28	自定	8~10	4~6	4~6	

注：因气候和穿着条件不同，表内的尺寸仅供参考，可根据款式自行调整。

1.2.4 成人男、女号型系列控制部位数值

确定服装号型尺寸时，单纯依靠上述号型标准是不够的，必须要有主要部位的尺寸才能制作出合体的服装，这些部位通常被称为控制部位。表1-7和表1-8是男女A体型的控制部位尺寸。控制部位尺寸是指人体主要部位的净体数值，它是服装样板设计的依据。

表 1-7 男子5-4和5-2A号型系列控制部位数值（单位：cm）

A体型						
部位	数值					
身高	155	160	165	170	175	180	185
颈椎点高	133	137	141	145	149	153	157

部位	A体型 数值						
坐姿颈椎点高	60.5	62.5	64.5	66.5	68.5	70.5	72.5
全臂长	51	52.5	54	55.5	57	58.5	60
腰围高	93.5	96.5	99.5	102.5	105.5	108.5	111.5
胸围	72	76	80	84	88	92	96
颈围	32.8	33.8	34.8	35.8	36.8	37.8	38.8
总肩宽	38.8	40	41.2	42.4	43.6	44.8	46
背长	39.5	40.5	41.5	42.5	43.5	44.5	46.5
股长	21	22	23	24	25	26	27
腰围	56 58 60	60 62 64	64 66 68	68 70 72	72 74 76	76 78 80	80 82 84
臀围	75.6 77.2 78.8	78.8 80.4 82.0	82.0 83.6 85.2	85.2 86.8 88.4	88.4 90.0 91.6	91.6 93.2 94.8	94.8 96.4 98.0

表 1-8 女子5-4和5-2A号型系列控制部位数值（单位：cm）

部位	A体型 数值						
身高	145	150	155	160	165	170	175
颈椎点高	124	128	132	136	140	144	148
坐姿颈椎点高	56.5	58.5	60.5	62.5	64.5	66.5	68.5
全臂长	46	47.5	49	50.5	52	53.5	55
腰围高	89	92	95	98	101	104	107
胸围	72	76	80	84	88	92	96
颈围	31.2	32	32.8	33.6	34.4	35.2	36
总肩宽	36.4	37.4	38.4	39.4	40.4	41.4	42.4
背长	35	36	37	38	39	40	41
股长	21.5	22.5	23.5	24.5	25.5	26.5	27.5
腰围	54 56 58	58 60 62	62 64 66	66 68 70	70 72 74	74 76 78	78 80 82
臀围	77 79.2 81.0	81.08 82.8 84.6	84.6 86.4 88.2	88.2 90.0 91.8	91.8 93.6 95.4	95.4 97.2 99.0	99.0 100.8 102.6

1.3　服装的分类

服装主要分为男装、女装和童装三大类。

1.3.1　男装

男装是指男士穿着的衣物，包括上装和下装，男装会根据季节有不同的款式。男装主要分类如下。

- 外套：羽绒服、夹克、西服、风衣、棉服、大衣。
- 衬衫：长袖衬衫、短袖衬衫、领带。

- POLO衫/T恤：长袖、短袖。
- 卫衣/绒衫：套头、开衫。
- 针织衫：针织背心、套头衫、针织开衫、羊毛衫。
- 运动装：运动套装、运动衣、运动裤。
- 裤子：西裤、休闲裤、牛仔裤。
- 内衣：内裤、汗背心。
- 袜子。

1.3.2　女装

女士穿着的衣物统称为女装，女装主要分类如下。

- 外套：羽绒服、棉服、大衣、风衣、西服、夹克、马甲、呢大衣、皮衣、皮草。
- 衬衫：长袖衬衫、短袖衬衫、雪纺衫。
- 针织衫：长袖针织衫、短袖针织衫、毛衣、毛衣裙、羊毛/羊绒衫。
- T恤：印花T恤、POLO衫、长袖T恤、短袖T恤、无袖T恤。
- 卫衣/绒衫：开衫、套头衫。
- 春夏装：吊带/背心、雪纺衫。
- 裤子：休闲裤、牛仔裤、西裤、运动裤、分裤短裤/热裤、连衣裤。
- 裙子：半身裙、连衣裙。
- 内衣：内裤、内衣套装、文胸、塑身内衣、吊带/背心。
- 泳装：分体、连体。
- 袜子：打底裤、连裤袜、筒袜。

1.3.3　童装

儿童服装简称童装，指适合儿童穿着的服装。童装的种类很多，根据儿童在生长过程中体型、生理、心理等方面的变化与特征，对应时期的儿童服装种类和特点也会有所不同。童装主要分类如下。

- 年龄：0~3岁男、0~3岁女、4~8岁男、4~8岁女、8岁以上男、8岁以上女、亲子装。
- 上衣：羽绒服、棉服、毛衣、披风、卫衣、套装、马甲、爬服、校服。
- 裤子：牛仔裤、休闲裤、运动裤、打底裤、短裤。
- 内衣。
- 裙子：连衣裙、春夏裙、秋冬裙、半身裙。
- 其他：袜子、围巾、帽子、手套。

童装特点如下。

- 服装的款式造型简洁，便于儿童活动。
- 服装的图案充满童趣，色彩欢快、明亮。
- 服装具有良好的功能性、舒适性。
- 服装面料易洗涤、耐磨。

Chapter 2

制版的基本方法

服装制版是现代服装工程的一部分。现代服装工程是由款式造型设计、结构设计、工艺设计三个部分组成。服装制版就是其中的结构设计，它既是款式造型的延伸和发展，也是工艺设计的准备和基础。

2.1 制版工具

服装结构制版所用工具很多，为了能够绘制出优美的弧线需要准备专业而齐全的工具，还要熟练地操作它们，以下介绍一些常用工具。

2.1.1 尺

尺是服装结构制版的必备工具，有卷尺、直尺、角尺、比例尺、曲线尺等，它们是绘制直线、斜线、弧线、角度，以及测量人体与服装，核对制图规格所需的工具。

1. 卷尺

卷尺又称软尺，两面都有刻度，如图2-1所示，一般用于测量人体尺寸，在服装结构制版中也有所应用。卷尺有塑料的、化纤的等。长期使用会造成不同程度的收缩现象，要常检查。卷尺主要规格有**1.5m**和**2m**两种。在服装结构制版中，卷尺的主要作用是测量、复核各曲线及拼合部位的长度。

图2-1 卷尺

2. 直尺

直尺是服装结构制版中最基本的工具，如图2-2所示，其常用的规格有20cm、30cm、50cm、60cm、100cm等，根据制作材料的不同，又有钢制的、木质的、塑料的、有机玻璃的等之分。钢制直尺的刻度清晰；木制和玻璃制的轻便，但易变形，这两种用得不多。在服装结构制版中，有机玻璃尺由于其平直度好，刻度清晰且不易变形而使用得较为广泛。

图2-2 直尺

3. 角尺

角尺也是服装结构制版的基本工具，主要用于绘制垂直线，它分为三角尺和角尺（图2-3）两种，三角尺有塑料的、有机玻璃的之分，角尺则有钢制的、木制的和有机玻璃的之分。

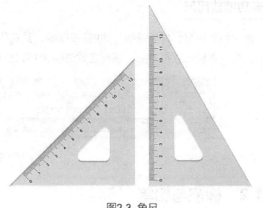

图2-3 角尺

图2-4 比例尺

4. 比例尺

服装专用比例尺（图2-4）呈三棱形状，有六个面，每一个面都刻有尺度，代表不同的比例，通常为1:500、1:400、1:300，主要用于绘制不同比例的缩图。

5. 曲线尺

曲线尺大多为有机玻璃的，也有少量塑料的。曲线尺有各种不同的弧形，分别如图2-5、图2-6、图2-7和图2-8所示，不同的弧形可以用于服装上的侧缝、袖缝、袖窿弧线、裆缝等部位。

图2-5 云形曲线尺

图2-6 逗号尺

图2-7 袖窿曲线尺

图2-8 多功能曲线尺

6. 多功能放码尺

多功能放码尺，材质透明，如图2-9所示，其在传统直尺的基础上做了改进，尺子两边分别有公、英制刻度及放码格，公、英制可直接对照，还有度数测绘和15比值度数参考表、制圆弧功能，有0.5cm和0.1cm两种放码格。

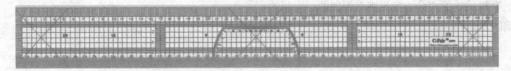

图2-9　多功能放码尺

2.1.2　橡皮与铅笔

橡皮和铅笔（图2-10）是绘制结构制图的必备工具，用于勾画和修改线条。

图2-10　铅笔、橡皮

2.1.3　纸张

在服装制版中，绘制缩小图用一般A4纸即可，但在绘制1:1制版时，需用到牛皮纸，如图2-11所示。牛皮纸通常呈黄褐色，纸张较厚，耐磨损。

图2-11　牛皮纸

2.1.4　滚轮

滚轮又称描线轮，如图2-12所示，主要用于复制纸样时在上层纸样上按线迹滚动，就可在下层留下标记。

图2-12　滚轮

2.1.5　剪刀

剪刀是指服装专用的剪刀，主要用于裁剪纸样和面料，如图2-13所示。

图2-13　剪刀

2.1.6　量角器

量角器（图2-14）是一种用来测量角度的工具，普通的量角器是半圆形的。量角器在服装制版中主要用来确定服装的某些部位，如肩斜的倾斜度等。

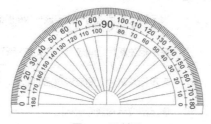

图2-14　量角器

2.2　制版常用符号、代号及部位名称

在服装结构制版中，不同的线条有不同的表现形式，不同的符号在图中表达不同的意义。

2.2.1　认识制图符号

服装制图符号，如表 2-1所示。

表 2-1　服装制图符号

名称	表示符号	使用说明
细实线	————————	表示制图的基础线，为粗实线宽度的1/2
粗实线	————————	表示制图的轮廓线，宽度为0.05~0.1cm
等分线	∿∿∿∿∿∿	等距离的弧线，虚线的宽度和实线相同
点画线	— - — - — - —	表示衣片相连接、不可裁开的线条，线条的宽度与实线相同
双点画线	— ·· — ·· — ·· —	用于裁片的折边部位线条，宽度与细实线相同
虚线	- - - - - - - -	用于表示背面轮廓线和辑缝线的线条，线条的宽度与细实线相同
距离线	├———————┤	表示裁片某一部位两点之间的距离，箭头指示到部位的轮廓线
省道线	◁————	表示省道的位置与形状，一般用粗实线表示
褶位线	∿∿∿∿∿∿∿∿	表示衣片需要采用收褶工艺，用缩缝号或褶位线符号表示
裥位线	▤　▤	表示一片需要折叠进的部分，斜线方向表示褶裥的折叠方向

（续 表）

名称	表示符号	使用说明
塔克线		图中细线表示塔克梗起的部分，虚线表示辑明线的部分
净样线		表示裁片属于净尺寸，不包括缝份在内
毛样线		表示裁片的尺寸，包括缝份在内
径向线		表示服装面料径向的线，符号的设置应与面料的径向平行
顺向号		表示服装面料的表面毛绒顺向的标记，箭头的顺向应与它相同
正面号		用于指示服装面料正面的符号
反面号		用于指示服装面料反面的符号
对条号		表示相关裁片之间条纹应该一致的标记，符号的纵横线对应布纹
对花号		表示相关裁片之间应当对齐花纹标记
对格号		表示相关裁片之间应该对格的标记，符号的纵横应该对应布纹
剖面线		表示部位结构剖面的标记
拼接号		表示相邻的衣片之间需要拼接的标记
省略号		用于长度较长而结构图中又无法全部画出的部件
否定号		用于将制图中错误线条作废的标记
缩缝号		表示裁片某一部位需要用缝线抽缩的标记
拔开		表示裁片的某一部位需要熨烫拉伸的标记
同寸号		表示相邻尺寸裁片的大小相同
重叠号		表示相关衣片交叉重叠部位的标记
罗纹号		表示服装的下摆、袖口等需要装罗纹的部位的标记
明线号		实线表示衣片的外轮廓，虚线表示明线的线迹
扣眼位		表示服装扣眼位置及大小的标记
纽扣位		表示服装纽扣位置的标记，交叉线的交点是缝线位置
刀口位		在相关衣片需要对位的地方所做的标记
归拢		指借助一定的温度和工艺手段将余量归拢
对位		表示纸样上的两个部位缝制时需要对位
钉扣		表示钉扣位置
缝合止点		除表示缝合止点外还表示缝合开始的位置附加物安装的位置

2.2.2 常用服装部位名称代号中英文对照

服装部位名称代号中英文对照表，如表2-2所示。

表 2-2 服装部位名称代号中英文对照

序号	中文名称	代号	英文对照
1	胸围	B	Bust
2	乳下围	UB	Under Bust
3	腰围	W	Waist
4	中臀围	MH	Middle Hip
5	臀围	H	Hip
6	胸围线	BL	Bust Line
7	乳峰线	BPL	Bust Point Line
8	腰围线	WL	Waist Line
9	中臀围线	MHL	Middle Hip Line
10	臀围线	HL	Hip Line
11	肘线	EL	Elbow Line
12	膝线	KL	Knee Line
13	乳峰点	BP	Bust Point
14	侧颈点	SNP	Side Neck Point
15	前颈点	FNP	Front Neck Point
16	后颈点	BNP	Back Neck Point
17	肩峰点	SP	Shoulder Point
18	袖窿	AH	Arm Hole
19	头围	HS	Head Size
20	前中心线	FC	Front Center
21	后中心线	BC	Back Center

2.2.3 服装制版各部位名称

服装制版的各部位名称，分别如图2-15、图2-16、图2-17和图2-18所示。

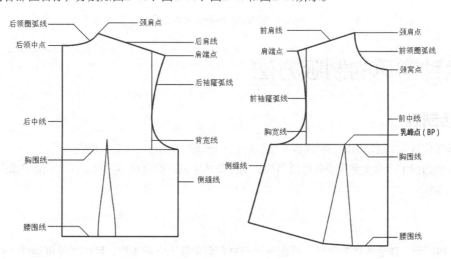

图2-15 服装制版各部位名称（1）

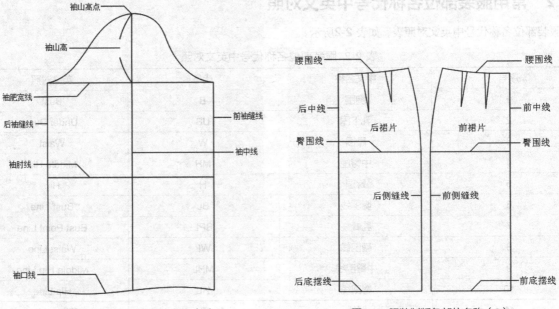

图2-16 服装制版各部位名称（2）

图2-17 服装制版各部位名称（3）

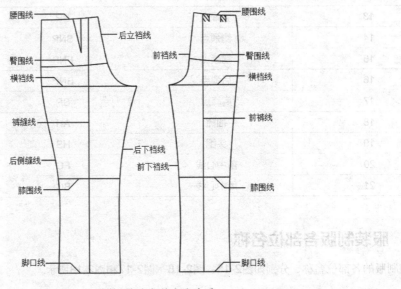

图2-18 服装制版各部位名称（4）

2.3 两种常见的制版方法

2.3.1 直接制版

直接制版是服装制版中最简单的一种制版方法，是在不借助原型的过程中完成的制版。

下面制版举例的图中所标文字代表各部位名称，制作款式不同，数据也不一样，因此在依照此步骤制版时，将各款式数据代入即可。

1. 绘制后片

步骤01 如图2-19所示，作后中线的垂线；根据测量尺寸在后中线上作胸围线、腰围线及底摆线；作后领宽线和后领深线，将后领宽三等分，作后领圈弧线。

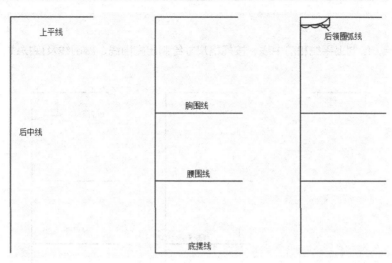

图2-19 后片制版（1）

步骤02 如图2-20所示，根据肩宽绘制肩斜线；确定后衣身宽，绘制背宽线和后袖窿弧线。

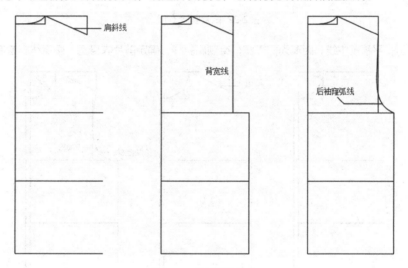

图2-20 后片制版（2）

步骤03 如图2-21所示，调整侧缝线和底摆线，绘制省道，后片制版完成。

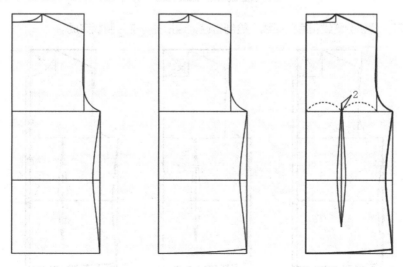

图2-21 后片制版（3）

2. 绘制前片

步骤01 如图2-22所示，绘制上平线和前中线，按规格尺寸绘制出胸围线、腰围线及底摆线；确定前领宽和前领深，绘制前领圈弧线。

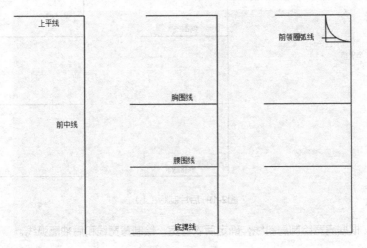

图2-22 前片制版（1）

步骤02 如图2-23所示，平移前中线，距离为门襟宽；绘制肩斜线，确定前片衣身宽、胸宽线，绘制前袖窿弧线。

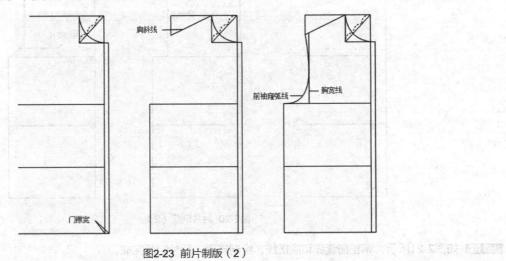

图2-23 前片制版（2）

步骤03 如图2-24所示，调整侧缝线和底摆弧线，绘制省道，定扣位，前片制版完成。

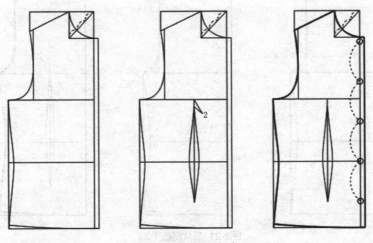

图2-24 前片制版（3）

3. 绘制袖片

步骤01 如图2-25所示，绘制十字架；量取前后袖窿弧线连接至十字架水平线；将袖山高五等分，取五分之二处绘制袖基线。

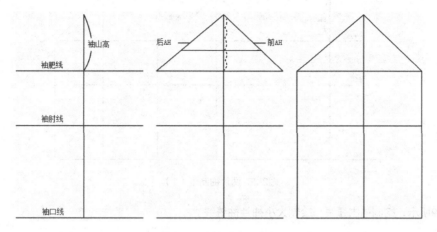

图2-25 袖片制版（1）

步骤02 如图2-26所示，将前后AH四等分，分别在四分之三处作垂线，在基线与前AH相交处往上定点1cm，在基线与后AH相交处往下定点1cm。

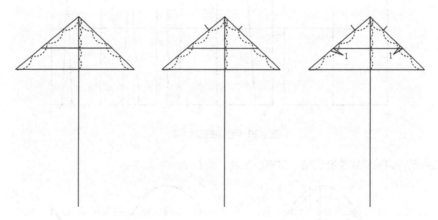

图2-26 袖片制版（2）

步骤03 如图2-27所示，连接各点形成袖山弧线；绘制两侧袖缝线及袖口线；绘制袖肘线，调整袖口弧线，袖片制版完成。

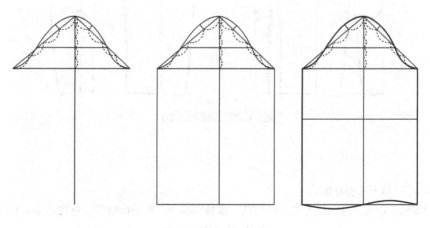

图2-27 袖片制版（3）

4. 绘制两片袖

步骤01 如图2-28所示，绘制袖片框架，与一片袖相同。

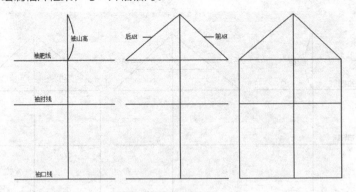

图2-28 两片袖制版（1）

步骤02 如图2-29所示，绘制袖山弧线；绘制大小袖片袖缝线。

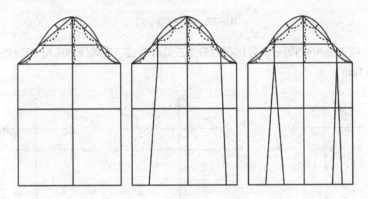

图2-29 两片袖制版（2）

步骤03 如图2-30所示，将袖缝线绘制圆顺，拼接小袖片，两片袖制版完成。

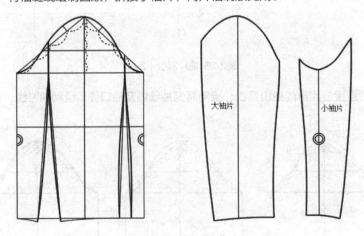

图2-30 两片袖制版（3）

5. 插肩袖制版

步骤01 如图2-31所示，绘制衣身框架。

步骤02 如图2-32所示，在后领圈弧线上取一段距离，连接胸围线，平分此线段，在线段中点往下1cm处定点，绘制袖窿弧线。

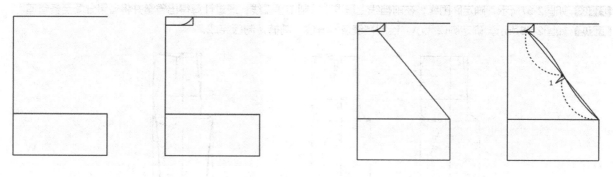

图2-31 插肩袖制版（1）

图2-32 插肩袖制版（2）

步骤 03 如图2-33所示，绘制肩线，作肩点的垂线，两条垂线长度一致，形成直角三角形，直角三角形斜边中点与肩点相连，延长此线段表示袖长。作袖长的垂线绘制袖口。

步骤 04 如图2-34所示，在袖长线上定出袖山高，绘制袖肥宽线，将袖窿弧线下段拷贝翻转至袖肥宽末端，形成新的袖窿弧线，将两条袖缝线画顺，插肩袖制版完成。

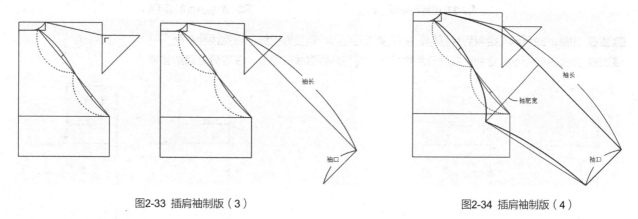

图2-33 插肩袖制版（3）

图2-34 插肩袖制版（4）

6. 裤片制版

步骤 01 如图2-35所示，绘制前裤片框架；将上裆长三等分，取三分之一处绘制臀围线；定臀宽。

步骤 02 如图2-36所示，腰口处从侧缝量进，定点，计算得出腰宽，绘制前裆线和侧缝弧线。

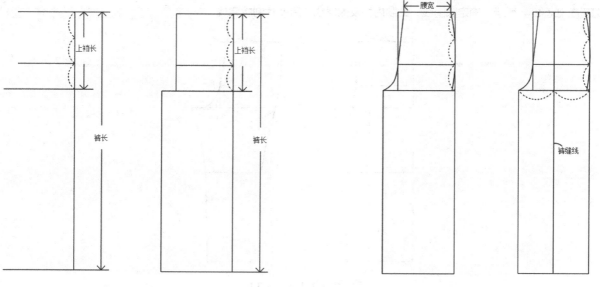

图2-35 前裤片制版（1）

图2-36 前裤片制版（2）

步骤 03 如图2-37所示，确定膝围线；在前裆线上量进，绘制前腰弧线，通过计算得出省量并将省量分配至各省道。

步骤 04 如图2-38所示，确定脚口大小，绘制裆缝及侧缝线，前裤片制版完成。

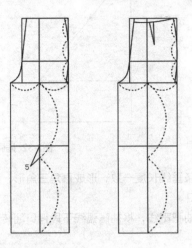
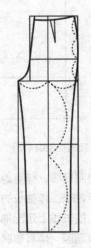

图2-37 前裤片制版（3）　　　　　　图2-38 前裤片制版（4）

步骤 05 如图2-39所示，绘制后片框架，在腰围线上定点，连接臀围线与臀宽线相交处。

步骤 06 如图2-40所示，绘制后裆缝及后腰弧线，并将后腰弧线三等分，在等分处添加省道。

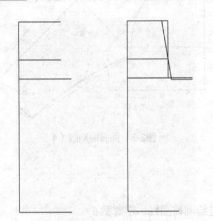
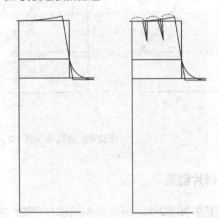

图2-39 后裤片制版（1）　　　　　　图2-40 后裤片制版（2）

步骤 07 如图2-41所示，确定膝围线，绘制内裆及侧缝线，后裤片制版完成。

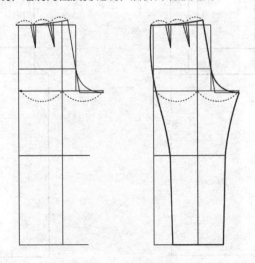

图2-41 后裤片制版（3）

2.3.2 原型制版

原型制版是来源于日本的制版方法，以人体的净样数据为依据，加上固定的放松量，经过计算按比例分配绘制而成的平面展开图，然后以此为基础进行各种变化款服装的绘制。原型制版过程中具体位置有具体的数值表示，下面举例说明。

制版规格：胸围84cm，腰围66cm，背长38cm，袖长50.5cm。

步骤01 如图2-42所示，根据B/2+6绘制前后衣片宽，作衣片宽的垂线38cm，按B/12+13.7确定胸围线（B为胸围）。

步骤02 如图2-43所示，根据B/8+7.4确定背宽线并从背长顶点向下量，取8cm作肩胛骨高线。

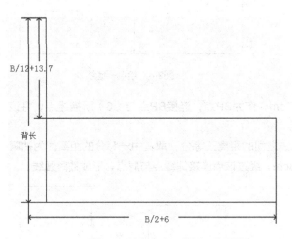

图2-42 绘制衣宽、背长、胸围线

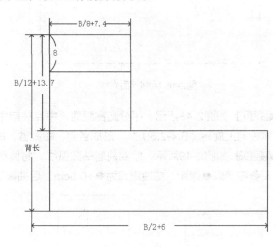

图2-43 绘制背宽线

步骤03 如图2-44所示，绘制前片框架，沿胸围线往上量取B/5+8.3，以B/8+6.2绘制胸宽线。

步骤04 如图2-45所示，绘制前后领圈弧线，在前片框架上平线取B/24+3.4=■作为前领宽，■+0.5作为领深，绘制矩形，连接对角线，取对角线三分之一往下0.5cm定点，经过该点连接领宽点与领深点，形成前领圈弧线；在后片框架上平线取■+0.2作为后领宽，取后领宽的三分之一作为后领高数据，画弧线，形成后领圈弧线。

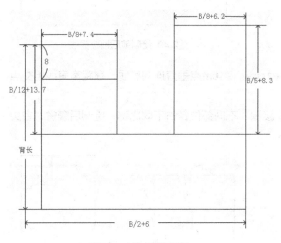

图2-44 绘制前片框架

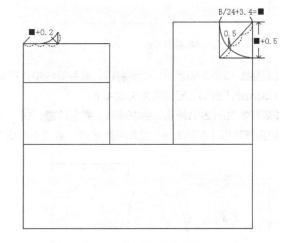

图2-45 绘制前后领圈弧线

步骤05 如图2-46所示，绘制前后肩线，从前领宽点向下量取角度22°，形成前肩斜，前肩斜线与胸宽线相交点延长1.8cm作为前肩线长度，以△表示。后肩斜角度为18°，肩线长度为△+肩省。

步骤06 如图2-47所示，平分肩胛骨线与胸围线之间的距离，中点向下0.5cm定点；胸宽线往后片方向平移B/32定点；以两点为原点画相交线。平分相交线之间的距离，取中点向下作垂线，即侧缝线。

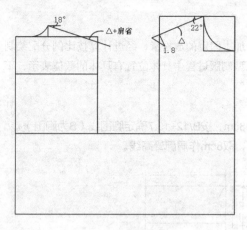

图2-46 绘制前后肩线

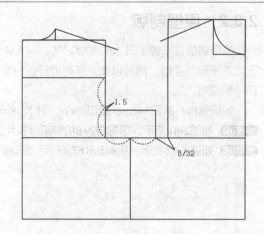

图2-47 绘制侧缝线

步骤07 如图2-48所示，平分胸宽距离，中点往前中线平移0.7cm，作为BP点，连接BP点与（6）所描述点，将该线段向上旋转（B/4-2.5）°，形成省道，即胸省。BP为乳峰点。

步骤08 如图2-49所示，绘制前后袖窿弧线，将侧缝线与胸宽线之间的距离三等分，取其中一等分的距离作为袖窿深参考，以●表示。前袖窿深为●+0.5cm，后袖窿深为●+0.8cm，经过该点连接侧缝点与肩点，形成袖窿弧线。

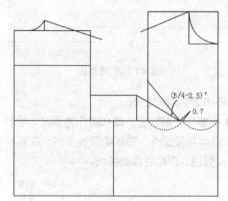

图2-48 绘制胸省

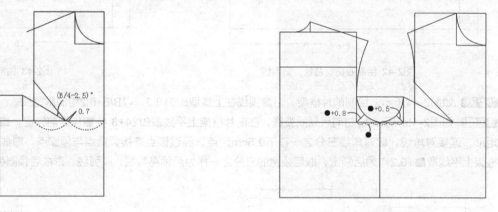

图2-49 绘制前后袖窿弧线

步骤09 如图2-50所示，绘制肩省，肩胛骨线中点向侧缝方向平移1cm，将1cm点垂直连向肩线，在距离肩线相交点1.5cm处画省道，省道宽为B/32-0.8。

步骤10 如图2-51所示，绘制腰省，腰省计量公式：总省量=胸围-腰围，不同部位各占不同比例，绘制后腰省时省尖向胸围线以上提高2cm，绘制前腰省时，省尖点距离BP点2~3cm。

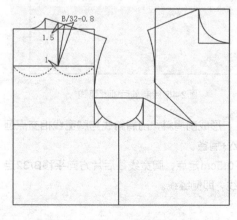

图2-50 绘制肩省

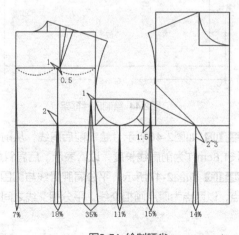

图2-51 绘制腰省

步骤⑪ 第八代文化式原型制版完成,如图2-52所示。

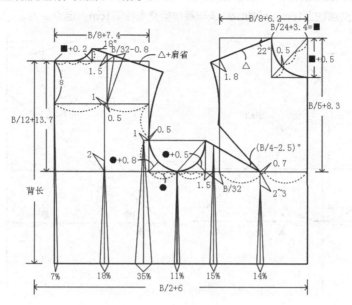

图2-52 第八代文化式原型

步骤⑫ 袖片制版,如图2-53所示,提取前后袖窿弧线并从肩点作侧缝线的垂线,平分两垂线间的距离,再将两垂线中点至袖窿底部距离六等分,取六分之五处为袖山高。

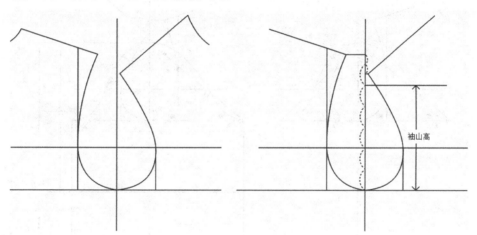

图2-53 提取前后袖窿弧线

步骤⑬ 绘制袖山斜线,如图2-54所示,根据前后袖窿弧线长度确定袖山斜线长。

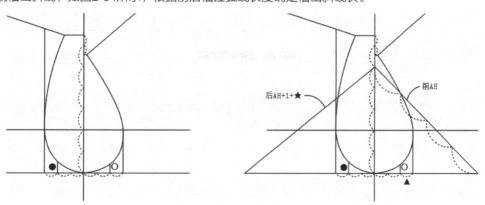

图2-54 绘制袖山斜线

步骤14 绘制袖山弧线，如图2-55所示，将前袖山斜线四等分，取四分之三处作垂线1.8~1.9cm，后袖山弧线同时操作，前袖山斜线与基线相交点往上1cm，后袖山斜线与基线相交点往下1cm，定点。

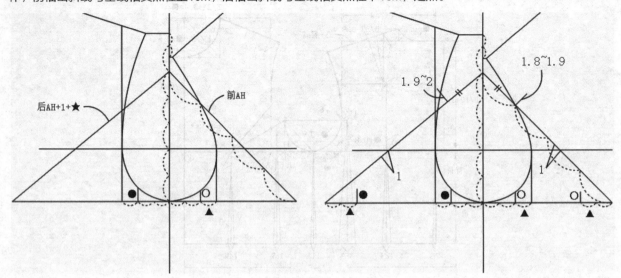

图2-55 绘制袖山弧线

步骤15 过四点及袖山高点连线形成袖窿弧线，确定袖中线及袖口线，袖片原型制版完成，如图2-56所示。

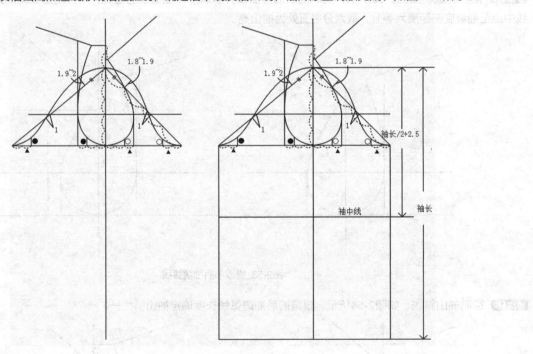

图2-56 袖片原型制版

裁剪与排料的基本方法

服装裁剪是服装制作的重要工序之一，裁剪质量的优劣对服装的缝纫有一定的影响，因此，裁剪也是服装制作中至关重要的环节。

3.1 裁剪工具

服装裁剪过程中所必需的工具总称为裁剪工具，为了做出更加贴合于人体的服装，不仅需要专业而齐全的工具，还需要懂得如何熟练和正确地操作它们。

3.1.1 尺子

软尺，如图3-1所示，用来测量袖窿弧线、领口弧线等有特殊部位的长度。

有机玻璃尺，如图3-2所示，玻璃尺可备若干把，裁剪面料时可以压住面料，防止移动，也可用来测量长度。

图3-1 软尺

图3-2 玻璃尺

3.1.2 剪刀

剪刀，服装裁剪专用剪刀，如图3-3所示，规格有9号、10号、11号等几种，我们裁剪面料时通常使用11号以上的剪刀，它只可裁剪面料，不可用来裁剪纸样等。

图3-3 剪刀

3.1.3 画粉

画粉，如图3-4所示，可在面料上画出痕迹，主要用来在面料上画出衣片轮廓线，使用时尽量选择与面料一致或稍浅的颜色。

图3-4 画粉

3.1.4　锥子

锥子，如图3-5所示，主要用来定位和打孔做标记。

图3-5 锥子

3.1.5　珠针

珠针，如图3-6所示，主要用来固定纸样和面料，防止移动。

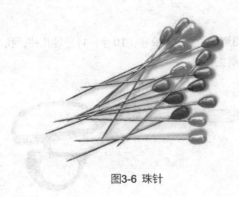

图3-6 珠针

3.2　裁剪方法

裁剪是缝制的基础，裁剪时应保证裁剪的精度，即裁出的衣片与样板间的误差要尽可能小。裁片方法不正确不仅会使成衣造型结构完全偏离设计，而且会造成很大的浪费。在批量加工时，还会给生产者带来很大的损失。裁剪时应正确掌握以下要求。

步骤01 掌握拐角的处理方法，凡衣片拐角处，应以角的两边不同进刀开裁，而不可以连续拐角裁，以保证精确裁剪。

步骤02 左手压扶面料，用力均匀柔和，不可倾斜，右手用剪刀轻松自如，快慢有序。

步骤03 裁剪时要保持剪刀垂直。

步骤04 保证剪刀始终锋利，更不能有刃缺口，以保证裁片边缘光洁顺直。

步骤05 打刀口时定位要准，剪口不得超过3mm且清晰持久。

步骤06 裁剪不是一项独立的工作，在裁剪之前要进行诸如铺料、画样等准备工作。铺料时必须使每层材料的表面平整，不得有折皱、歪曲、不平等现象，否则衣片将变形，给缝纫工作带来困难，并对服装效果及质量产生不利的影响。

步骤07 布边对齐，铺料时要求每层料布边要对齐，不能有参差不齐的现象，否则易造成短边部位裁片尺码规格变异，造成次片。布边里口处一般要求较严格，要求上下整齐，差异不得超过2mm，因为里口部位将作为将来排料基准边；另一边保证自然平整即可。

步骤08 方向一致，符合要求，许多材料有明显正反面或具有特殊的方向性，铺料时为保证效果一致，材料应保持同一方向。

步骤09 对正图案，对于有条、格图案的材料，为保证或突出设计效果，在铺料过程中按照设计要求对正图案。

下面介绍4种比较常用的裁剪方法

3.2.1 纹路对齐法

纹路对齐是指布纹与布纹呈平行状，放上纸样后，纸样与布纹也保持平行，如图3-7所示。

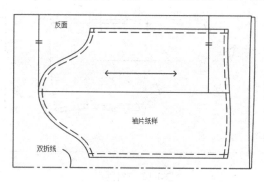

图3-7 纹路对齐

3.2.2 对折法

当纸样对称且没有分割时可采用对折法裁剪面料，如图3-8所示，将面料正面与正面相对相叠，纸样边缘与面料双折线平齐后开始裁剪。

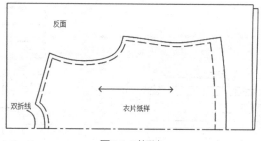

图3-8 对折法

3.2.3 斜向法

在裁剪服装特殊部位（如包边条或领片）时需用到正斜纱，为确保纱向保持45°，需将面料斜向折成等腰三角形，如图3-9所示，然后在双折线上裁剪，单面裁剪时，只需将纸样布纹线对准斜布纹的方向裁剪即可。

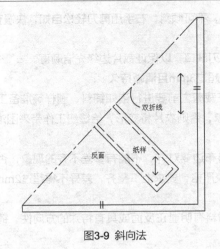

图3-9 斜向法

3.2.4 珠针固定法

珠针固定法适用于裁剪较轻薄的面料，如纱和丝织品等，注意别珠针时转角处要以斜角固定，其他则保持珠针与边缘呈垂直状，如图3-10所示。

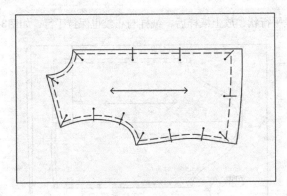

图3-10 珠针固定

在服装制作过程中，还会遇到有花纹的面料，为了使服装看起来更加精致，通常根据花纹进行无缝对接，这就需要在裁剪时将各裁片顺着面料花纹排列好。下面讲解比较常见的竖条纹及横条纹的裁剪方法。

裁剪竖条纹面料时，应将纸样前中线及侧缝线对齐竖纹，如图3-11所示。

裁剪横条纹面料时，应将纸样腰围线及臀围线对齐横纹，如图3-12所示。

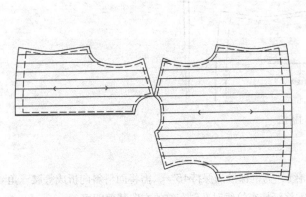

图3-11 竖条纹的裁剪方法

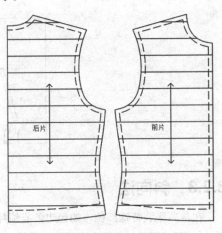

图3-12 横条纹的裁剪方法

3.3　布料的认识

　　布料分为素色和花纹两种。布料的花纹各式各样，以下整理了几种常见花纹，花纹不同，裁剪方向也不同。波点和小碎花纹样的裁剪方向和素色布料是一样的，竖条纹、横条纹及格子布料的裁剪方向又是不一样的，技术难度比较大的是有方向的格子面料及宽条纹面料。

3.3.1　花纹类别

- 竖条纹，如图3-13所示，没有上下左右方向，可直接裁剪，但要注意纸样与条纹保持平行，不可倾斜。
- 横条纹，如图3-14所示，与竖条纹相反，裁剪时纸样与条纹保持垂直即可。

图3-13 竖条纹

图3-14 横条纹

- 有方向的格子，如图3-15所示，在对此类面料进行裁剪时，要顺着同一个方向裁剪，各大小裁片应对好格子。
- 不规律条纹，如图3-16所示，因条纹有粗细之分，裁剪时要注意区分左右方向，顺着同一个方向裁剪。

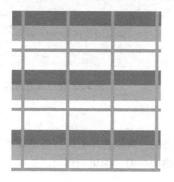

图3-15 有方向的格子

图3-16 不规律条纹

- 波点，如图3-17所示，此类面料与素色面料的裁剪方法相同。
- 菱形纹，如图3-18所示，裁剪此类面料时要注意纸样应与面料保持垂直或平行状态，防止纹路歪斜。

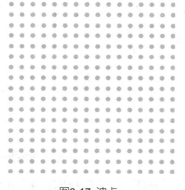

图3-17 波点

图3-18 菱形纹

- 大花型，如图3-19所示，分析花朵的排列方向，考虑好从哪边开剪。
- 小碎花，如图3-20所示，小碎花面料的裁剪方法和素色面料相同。

图3-19 大花　　　　　　　　　　　　　　　　图3-20 小碎花

- 方格，如图3-21所示，没有上下左右之分，裁剪时注意横竖格子不能弄乱。
- 花纹靠近布边，如图3-22所示，当花纹与布边平行时，要注意花纹方向，花纹不同，布纹的走向也不同，先考虑花纹方向，再考虑布纹方向。

图3-21 方格　　　　　　　　　　　　　　　图3-22 花纹靠近布边

3.3.2　辨认布纹方向

- 新买的面料，经纱与纬纱的纹理通常不完全是呈垂直状态的，所以在裁剪面料前需重新调整布纹方向。如图3-23所示，由横向方向撕开一条纬纱，然后对准撕开纹路剪一刀，如果面料可以直接撕开，就依着横纹方向撕开。
- 将面料放置于平坦的桌面上，找出歪斜的地方，可借助直角三角板进行辅助，如图3-24所示。

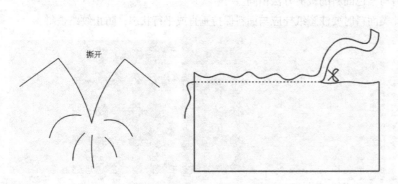 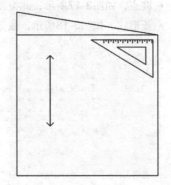

图3-23 辨认布纹方向（1）　　　　　　　　　图3-24 辨认布纹方向（2）

- 可抓住面料对角线，轻轻拉扯较短的一边，将经纱和纬纱慢慢调整好，若倾斜角度较严重，可借助熨斗熨烫。

3.3.3 整理布纹

整理布纹是指矫正织布过程中出现的布纹歪斜现象，以下针对多种面料的整理方式进行详细讲解。

1. 棉麻面料

步骤01 将未经处理的面料放入水中浸泡1小时左右，然后折叠面料，按压上方进行沥水，切不可用脱水机或手拧干，防止面料变形或出现褶皱。印花类面料可先将布端浸入水中，观察颜色是否会晕开，确认不掉色后再整体放入水中浸泡。

步骤02 沥干水后，让面料正面与正面相对，拉平褶皱后阴干，切不可经太阳暴晒。

步骤03 晾至八分干左右，将面料正面向下铺在桌面上，在面料反面用熨斗进行熨烫，如图3-25所示。

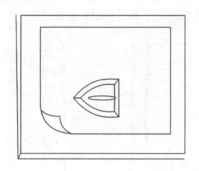

图3-25 熨烫面料

2. 丝织品

因丝织品不耐热且遇水容易形成褶皱，所以需从面料反面进行熨烫，如图3-26所示，熨斗温度保持在130℃~140℃。

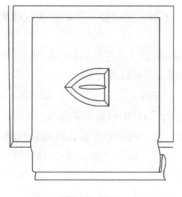

图3-26 熨烫

3. 羊毛

步骤01 将羊毛面料正面与正面对折，用喷壶在面料反面均匀喷洒水雾。

步骤02 将面料轻轻叠起静置1小时以上，确保面料将水分完全吸收。

步骤03 用熨斗在面料反面进行熨烫，使蒸气渗透面料缝隙中，同时将歪斜的布纹线加以修正，烫至布面略带湿气即可，放在一旁等待水汽自然蒸发后即可裁剪。

4. 绒毛类面料

处理带有长毛绒或短毛绒面料时，注意不要破坏布面本身的毛绒效果，需将面料正面与正面相对相叠，然后用熨斗顺着毛绒的毛向轻轻熨烫，如图3-27所示。

5. 化学纤维

大多数合成纤维经过水洗后不会有缩水现象，因此可以不必为其添加水分，熨烫时进行干烫即可。

6. 格纹面料

若将歪斜的格纹直接进行裁剪缝制，会出现纹路不对的现象，为避免这种情况发生，需将面料正面与正面相对叠好，用疏缝对格纹，进行固定，如图3-28所示，然后用熨斗熨烫。

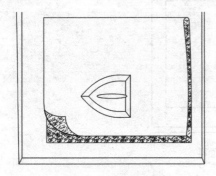 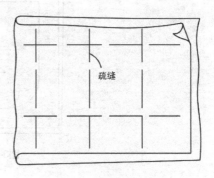

图3-27 熨烫毛绒面料　　　　　　　图3-28 疏缝固定

3.4 面料的排料方法

排料是服装制作中的一道重要工序。了解和掌握排料的方法不仅能缩短裁剪制作的时间，还能节省布料的用量，并提高服装产品的质量。

一般来说，排料前必须在理解服装结构和衣片图形的同时，认识所用面料的织物肌理和性能质地，并且，依据面料的门幅，结合人体的体型特征合理安排，正确计算用料。

排料是根据服装的款型（衣片样板）在布料上安排布置的。如同拼七巧板一样，要想最大限度地利用面料，就必须注意衣片与衣片之间的空隙，空隙越少，面料的利用率就越高。

排料的要点是：直线靠布边，横线靠纬向，内弧靠外弧，凹面靠凸面，正斜靠反斜。此外，布边两侧要排齐，如缺少衣服里面的面料布（如裤的门襟、里襟、后袋贴等）可用另料添补，如缺少衣服外面的面料布（如袋盖、领面等）可用同一布料添补。

服装的排料计算一般取决于3个不同的变量因素：一是服装的规格尺寸(按人体的高、矮、胖、瘦和穿着状况决定)，二是款式的造型需要(包括领、袖、衣片的宽松与合体状况及附件)，三是衣料门幅的宽窄。表3-1~表3-3所示分别是裤子、男装、女装的算料参考。

表 3-1 裤子/裙子算料参考表（单位：cm）

品种 ＼ 幅宽	90		113		140	
	卷脚	无卷脚	卷脚	无卷脚	卷脚	无卷脚
男长裤	2（裤长＋10）	2（裤长＋6）			裤长＋10	裤长＋6
男短裤		2(裤长+8)				裤长＋12
女长裤		2（裤长＋5）				裤长＋5

品种＼幅宽	90		113		140	
	卷脚	无卷脚	卷脚	无卷脚	卷脚	无卷脚
筒型裙	裙长×2+5		裙长＋3		裙长＋3	
宽摆裙	（裙长＋4）×2				裙长＋12	
褶裥裙	裙长×3		裙长×3		裙长×1.5	
半圆裙	裙长×2.4		裙长×2.2		裙长×1.9	
松身裤	（裤长＋3）×2		（裤长＋3）×3		裤长＋5	
裙裤	（裙裤长＋5）×2		裙裤长×2		裙裤长＋10	
备注	胸围超过117，每大3，另加6				臀围超过113，每大1，长另加3，短另加6	

表 3-2 男装算料参考表（单位：cm）

品种＼幅宽	胸围	90	113	144
衬衫	110	衣长×2+袖长	衣长×2＋15	
两用衫	110	衣长×2+袖长＋20		
西服	110	衣长×2+袖长＋20	衣长＋袖长×2	衣长＋袖长
中山装	114	衣长×2＋袖长＋30		衣长＋袖长＋17
男短大衣	125			衣长×2＋30
男长大衣	125	衣长×3＋15		衣长×2－5
备注		胸围每增3，另加料6		胸围每增3，另加料4

表 3-3 女装算料参考表（单位：cm）

品种＼幅宽	胸围	90	113	144
短袖	103	衣长×2+10，胸围加减3，用料约加减3	衣长＋袖长×2+15，胸围加减3，用料约加减3	
长袖	103	衣长＋袖长×2，胸围加减3，用料约加减3	衣长×2+10，胸围加减3，用料约加减3	
两用衫	106			衣长＋袖长＋3，胸围加减3，用料约加减3
西服	106			衣长＋袖长＋6，胸围加减3，用料约加减3
短大衣	113			衣长＋袖长＋12，胸围加减3，用料加7减5
长大衣	113			衣长＋袖长＋10，胸围加减3，用料约加减3
连衣裙	100	衣裙长×2.5 一般式	衣裙长×2 一般款式	

下面介绍几种常见的排料方法。

3.4.1 双面折叠

当面料幅宽较宽时，可分别以纸样前后中心线为对折线将面料折叠后进行裁剪，如图3-29所示。

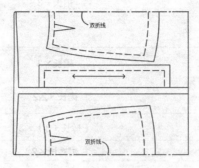

图3-29 双面折叠法

3.4.2 单面折叠

通常面料幅宽不足时就会采用单面折叠，如图3-30所示。

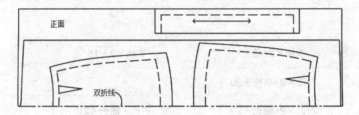

图3-30 单面折叠法

3.4.3 正常排放

正常排放纸样时应从左至右排放，纸样方向一致，如图3-31所示。

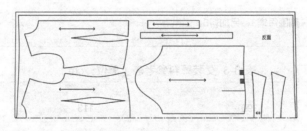

图3-31 正常排放

3.4.4 交错排放

当面料幅宽不足或有面料破损时，可将纸样交错排列以节省空间，如图3-32所示，但此方法不适用于有方向的面料。

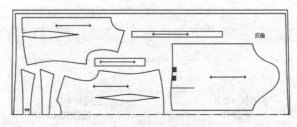

图3-32 交错排放

缝纫和熨烫的基本方法

缝纫，是服装裁剪和缝补的统称，分为手缝和机缝两种方法。服装缝制过程中及缝制完成后都需要对其进行熨烫整理，使服装造型更加完美。本章先介绍缝纫和熨烫的一些基本工具，再介绍一些基本方法。

4.1 缝纫工具

所有缝制衣服所需要用到的工具统称为缝纫工具，以下介绍一些缝纫所必备的常用工具。

4.1.1 针插

针插一般是指用布或绸做成的各种形状的胚子，以棉花为填充物。随着时代的发展，针插在具备实用性的同时也变成一种工艺品，制作工艺简单，可自己随性创造，所以图样不断出新。为方便实用，也有戴在手腕上的针插，如图4-1所示。

4.1.2 珠针

用来固定面料的一种大头针，如图4-2所示。

图4-1 针插

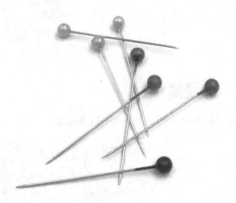

图4-2 珠针

4.1.3 手缝针

远古时期，我们的祖先就学会用鱼骨针、石针来缝制兽皮、树叶等简单衣服了，随着金属制造技术的发展，人们逐渐学会了使用金属针缝制衣服，如图4-3所示，手缝针的形状也大大改进了，而且一直沿用至今。

图4-3 手缝针

4.1.4 缝纫线

缝纫线（图4-4）是缝制服装不可缺少的材料之一，它主要用于缝合各种服装面料，兼有实用与装饰双重功能。缝纫线质量的好坏，不仅影响缝纫效率，而且还会影响所缝服装和制品的外观质量及加工成本。缝纫线主要分为天然纤维缝纫线、合成纤维缝纫线及混合缝纫线三大类，缝纫时应根据不同面料选择不同的缝纫线。

图4-4 缝纫线

4.1.5 顶针

顶针（图4-5）是指由金属或塑料做的环形指套，表面有密麻的凹痕，在将缝针顶过衣料时用以保护手指。

图4-5 顶针

4.1.6 穿线器

一种可辅助穿线的工具，如图4-6所示。

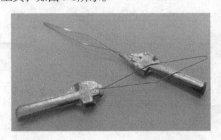 

图4-6 穿线器

4.1.7 纱剪

纱剪是一种对修剪手缝和机缝线头都有用的剪刀，如图4-7所示，它也是一种常用的服装专用工具，比较锋利，结构轻巧，使用方便。

图4-7 纱剪

4.1.8 缝纫机

缝纫机是用一根或多根缝纫线，在布料上形成一种或多种线迹，使一层或多层布料交织或缝合起来的机器，如图4-8所示。缝纫机能缝制棉、麻、丝、毛、人造纤维等织物和皮革、塑料、纸张等制品，缝出的线迹整齐美观、平整牢固，缝纫速度快，使用简便。

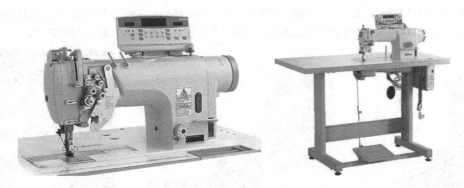

图4-8 电动缝纫机

4.1.9 缝纫机针

缝纫机针又称机针、缝针、车针，如图4-9所示，是缝纫机的重要组成附件。缝制过程中，为了达到机针与缝料、缝线的理想配合，必须选择合适的机针。机针的类型由缝纫机型号规格和缝制面料的性质材料来决定，不同性质的机器要配备不同型号规格的机针。通常，供纺织品及针织品用的机针，其针尖均磨成圆锥形；缝纫皮革及其相似的缝料时，则采用特殊形状针尖，如矛尖、菱尖、反捻尖等，其目的是增加机针强度，取得良好的缝纫效果。

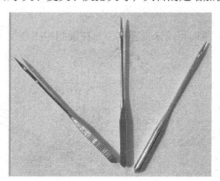

图4-9 缝纫机针

4.1.10 梭心

梭心是缝纫机上必不可少的配件，如图4-10所示，它主要用来缠绕缝纫服装用的底线。

4.1.11 梭壳

梭壳（图4-11）包裹着梭心，镶嵌于缝纫机底部。

图4-10 梭心

图4-11 梭壳

4.1.12 压脚

在缝料表面上施加压力的构件。按其缝纫机性能分为平缝机压脚、包缝机压脚和特种机压脚三类，按其功能分为普通压脚和特种压脚两类。特种压脚种类很多，如卷边压脚、送料压脚、双针压脚等，以下介绍三种常用的压脚。

- 平压脚，如图4-12所示，服装缝纫中最常见的压脚，适用于多种面料，如棉、麻、化纤面料等。
- 单边压脚，如图4-13所示，又称拉链压脚，可分为左单边和右单边，主要用来缝制服装上的拉链。
- 塑料压脚，如图4-14所示，下半截可活动部分由塑料制作而成，主要在缝制皮质材料时使用。

  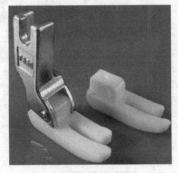

图4-12 平压脚　　　　　　　　图4-13 单边压脚　　　　　　　　图4-14 塑料压脚

4.1.13 拆线器

拆线器有一个较长的叉状头，可以用来挑开线迹，叉状头中间有个刀片，可用来割断线迹，如图4-15所示。

4.1.14 锥子

锥子（图4-16）具有多种作用，制版时可用来打孔定位，在缝纫中主要用来辅助推送面料。

图4-15 拆线器　　　　　　　　　　　图4-16 锥子

4.1.15 锁边机

锁边机（图4-17）是用来将衣服裁片布边进行锁边而防止面料线头散开的机器。

图4-17 锁边机

4.2　熨烫工具

熨烫时所有用到的辅助性工具统称为熨烫工具，下面介绍一些熨烫所必备的常用工具。

4.2.1　熨斗

用来烫平褶皱的工具，如图**4-18**所示。

4.2.2　熨烫台

熨烫台（图**4-19**）是蒸汽熨烫作业必不可少的专业设备之一，熨烫时通过自吸风装置产生的吸力防止面料随熨斗移动，将刚熨烫过的面料快速冷却定型。

图4-18　熨斗　　　　　　　　　　　　　图4-19　熨烫台

4.2.3　袖烫垫

袖子形状的熨烫垫，如图**4-20**所示，做袖子时使用。

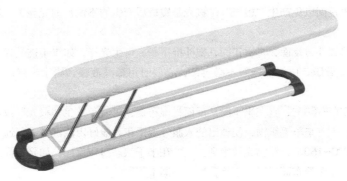

图4-20　袖烫垫

4.2.4　垫布

垫布是用来隔在面料与熨斗之间的，防止烫坏面料，如图**4-21**所示。

4.2.5　粘衬机

如图**4-22**所示，粘衬机配有网带输送装置，将面料与衬料放置好后轻轻推送至粘衬机里面即可将衬料粘牢固。

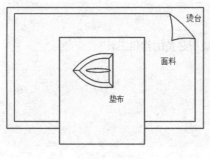

图4-21 垫布

图4-22 粘衬机

4.2.6 衬布

衬布（图4-23）是指用于面料和里料之间、附着或黏合在衣料上的材料，主要作用为防止面料变形。

图4-23 衬料

4.3 熨烫各类面料的注意事项

- 棉：适合熨烫温度为180℃~200℃，容易熨烫，可保持外形，不易伸缩，一般不易产生"极光"，喷水后可用高温熨，深色者宜熨反面以免产生"极光"（极光是熨烫后产生的不悦目的光亮）。白色织物必要时可经漂白上浆再熨。

- 麻：喷水后先用高热熨斗熨反面，再熨正面，熨斗推得长，可生光泽；如果不需要光泽，可只熨反面。褶裥处不宜重压熨烫，以免致脆。白织物一般不必再漂，必要时用稀漂液漂，再上轻浆后熨平。熨烫温度为140℃~200℃。

- 毛：熨烫温度为120℃~160℃，宜在半干时从反面衬湿布熨，可避免发生"极光"或烫焦，在袋边或缝脚处最易烫出"极光"，台面宜垫羊毛织物，使烫出的衣服外观柔和，最好用蒸汽熨烫，通常不漂不浆。

- 丝：熨烫温度为120℃~150℃，织物先拉平到原状，在半干状态时熨反面，如熨正面则需衬布，温度过热会泛黄。要除皱纹的话可覆盖湿布而用熨斗压平，通常不漂不浆。

- 粘胶或铜氨纤维织物：熨烫温度为120℃~160℃，最好用蒸汽熨烫，没有条件时可喷水或在半干状态下熨烫。粗厚织物可像棉织物那样烫，但温度稍低；松薄织物需在反面衬棉或毛巾后，用稍低温度熨反面，以免烫焦烫黄。领口袖口处务必衬布烫，否则易产生"极光"。熨烫时不宜用力拉扯，以防变形。如果织物易皱，可稍上薄浆，必要时才漂白。

- 锦纶及其混纺物：熨烫温度为120℃~150℃，纯锦纶织物一般不必熨烫，必要时趁潮垫以衬布在反面用低温熨烫。

- 涤纶及其混纺物：熨烫温度为140℃~160℃，一般不必熨烫或仅需稍加轻熨，薄织物尤需轻熨。熨烫时注意保持服装平整，如果烫压成皱较难去除，熨烫时温度过高易引起变色，深色衣料宜熨反面。

- 腈纶及其混纺物：熨烫温度为130℃~150℃，必要熨烫时宜衬湿布，熨烫不宜久，温度不宜高。
- 维纶及其混纺物：熨烫温度为120℃~150℃，熨烫必须待织物晾干，并垫以干布，否则易引起收缩和水渍。
- 总之在熨烫中注意衣服所用材料，选用适当温度熨烫，时间不宜过久，避免产生收缩、变色、变形、硬化、极光或破损等问题。

4.4 缝制方法

本节主要介绍两种比较常见的缝制方法，以及它们在碎褶、滚边、收省、暗扣及钩扣的处理方法。

4.4.1 手缝方法及常见针法

认识手缝针，手缝必备工具之一就是手缝针，如图4-24所示。

戴顶针，为防止手缝针刺到手并更好地帮助手缝针穿入面料，需戴上顶针，如图4-25所示。

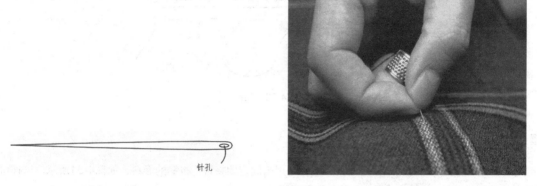

图4-24 手缝针	图4-25 戴顶针

穿针，将线从针孔穿过，打结，如图4-26所示。

止缝结，缝好后需要做收尾工作，防止线松开，如图4-27所示，将手缝针穿过最后的针孔，将线缠绕2~3圈，然后用拇指和食指按住绕线的地方，另一只手将手缝针抽出，拉紧，止缝结便打好了。

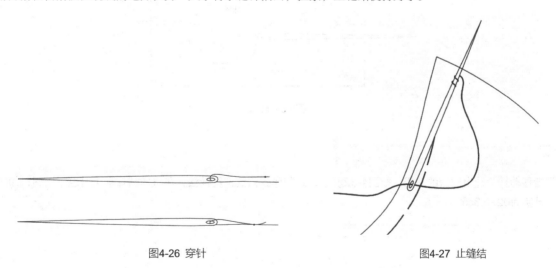

图4-26 穿针	图4-27 止缝结

下面介绍手缝方法及常见针法。

1. 珠针固定法

珠针通常用来固定双侧面料，防止移位，固定直线边时，珠针需与直线边呈垂直角度，如图4-28所示。固定弧形边时，珠针应跟随弧线的变化而变化，呈垂直角度，如图4-29所示。

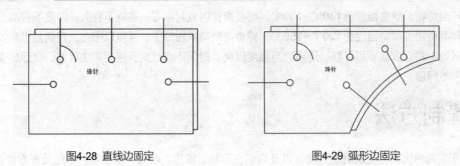

图4-28 直线边固定   图4-29 弧形边固定

2. 平针

平针是所有针法中最常用最简单的，如图4-30所示，两手握住面料两边，右手操作手缝针，针距为0.4~0.5cm。

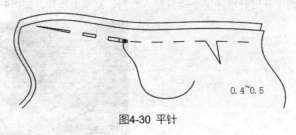

0.4~0.5

图4-30 平针

3. 疏缝

疏缝与珠针是一样的，都是用来固定面料，疏缝是用来固定即将进行机缝的面料，如图4-31所示。这样可以使缝形在机缝完成后更加漂亮，机缝完成后，需将疏缝剪开拆掉。

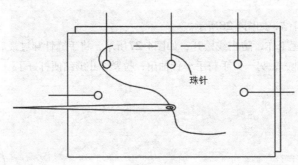

图4-31 疏缝

4. 缩缝

是指移动针尖缝出细密的缝线，如图4-32所示，是制作碎褶的常用针法，在整理袖片袖山时也常用到，如图4-33所示，针距为02~0.3cm。

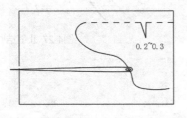

0.2~0.3

图4-32 缩缝

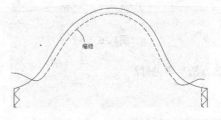

图4-33 袖山缩缝

用缩缝制作碎褶，如图4-34所示。

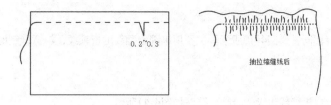

图4-34 碎褶

5. 全回针缝

手缝回针到前一针叫作"回针缝"，如图4-35所示。这是所有手缝针法中最坚固的一种，使用此缝法时要注意保持线迹平直。

6. 半回针缝

缝针时回到前一针的1/2处称为半回针缝，如图4-36所示。这种缝法针距比较难控制，在缝制时需多加注意。

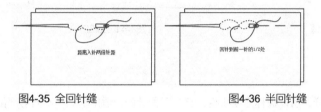

图4-35 全回针缝　　　　　　　图4-36 半回针缝

7. 平针疏缝

将面料放于平坦桌面上，一只手固定住面料，另一只手一针一针地平缝，如图4-37所示。

8. 长短针疏缝

和平针疏缝缝法相同，但此种缝法的特征是在两大针距间加缝一针小针距，如图4-38所示。此种针法多用于厚的毛织物。

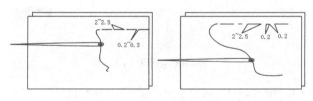

图4-37 平针疏缝　　　　　　　图4-38 长短针疏缝

9. 斜疏缝

这类疏缝主要用于两层以上的面料，使其不易移动，如图4-39所示。

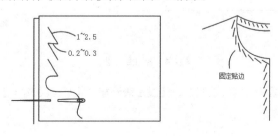

图4-39 斜疏缝

10. 卷疏缝

针法的移动方式和斜疏缝相同，如图4-40所示。主要用来固定翻领的折领线，注意缝制时缝线不要拉太紧。

11. 压疏缝

这种缝法是缝在机缝线上或机缝线边缘的疏缝，缝法如图4-41所示。

12. 卷边缝

这种缝法适用于外套下摆贴边的边缘，针距细密紧凑，如图4-42所示。

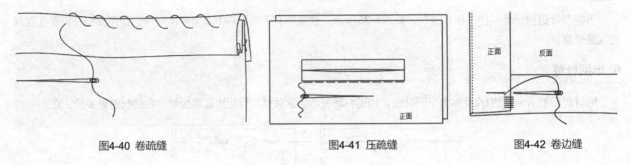

图4-40 卷疏缝　　　　　　　　　图4-41 压疏缝　　　　　　　　　图4-42 卷边缝

13. 星止缝

因表面看起来像星星一样，所以被称为星止缝，它有三种针法，适用于三种不同的部位。

第一种操作手法的正面针距看起来很小，但反面针距则较大，适用于接缝拉链，如图4-43所示。

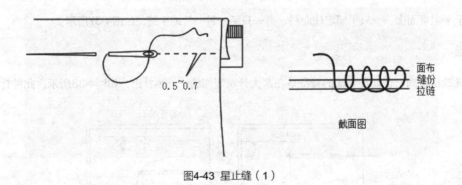

图4-43 星止缝（1）

第二种操作手法从正面看不到缝线的缝法，适用于固定贴边，如图4-44所示。

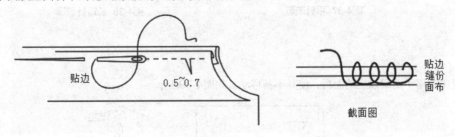

图4-44 星止缝（2）

第三种操作手法从正反面都看不到缝线的缝法，缝线是线迹穿过面料里层来固定，如图4-45所示。

图4-45 星止缝（3）

14. 门字缝

将两片面料的缝份折好并相对放置，以门字形运针，表面看不见缝线，如图4-46所示。

15. 三角针

因针法形状像三角形所以被称为三角针，还可称为交叉缝，从左侧进针，操作时只需勾起面料的一半，面料表面看不到线迹，如图4-47所示。

16. 八字针

针法形状呈八字，操作时只需勾起面料的一半，面料表面看不到线迹，如图4-48所示。

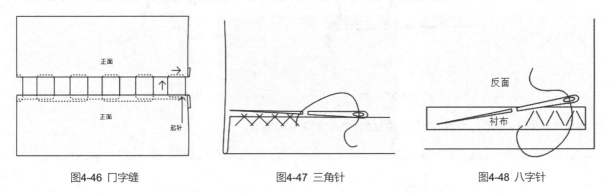

图4-46 门字缝   图4-47 三角针   图4-48 八字针

17. 利用线圈制作串带袢

第一种方法，先将线反复绕几次（图4-49），再将线绕至线圈下侧（图4-50）。

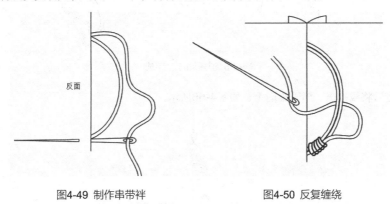

图4-49 制作串带袢   图4-50 反复缠绕

再从线圈下侧入针，将线拉出来，如图4-51所示，重复图4-50和图4-51的动作，图4-52为反面呈现的情况。

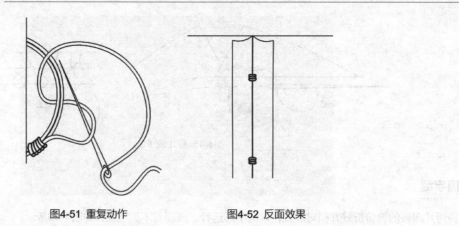

图4-51 重复动作　　　　　　　　图4-52 反面效果

第二种方法，先将线从正面穿出，然后再在相同位置入针，如图4-53所示；然后用左手手指将线撑开，右手拿线，如图4-54所示。

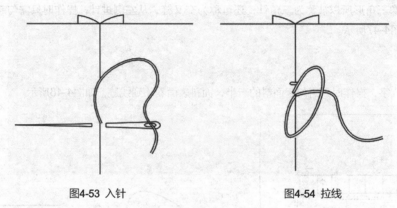

图4-53 入针　　　　　　　　　　图4-54 拉线

再将线拉出来，制作一个新的线圈，重复此动作，如图4-55所示。

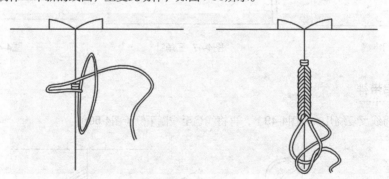

图4-55 重复动作至完成

编织成所需要长度后将线拉出，缝于布面上，如图4-56所示。

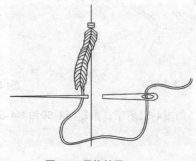

图4-56 最终效果

4.4.2 机缝方法及常见缝法

机缝是指利用家用缝纫机（图4-57）或者专业缝纫机（图4-58）来达到缝合面料的目的，主要用到缝纫机和锁边机（图4-59）。

图4-57 家用缝纫机

图4-58 专业缝纫机

图4-59 锁边机

下面介绍机缝缝型的操作方法。

1. 平缝

最常见的缝合方法，如图4-60所示，注意起针3~4针后返回起点再开始进行平缝，这样做的目的是让线迹两边更加牢固。

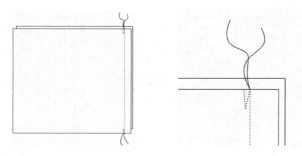

图4-60 平缝

2. 弧线的缝法

缝制前半段直线时只需轻轻拉着面料，如图4-61所示，到弯度较大部位时两手控制转动面料，不要中断缝纫机，一次性踩完。

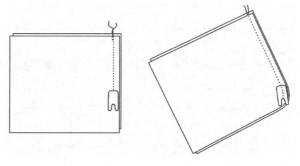

图4-61 转动面料

3. 角度转弯方法

机缝至距离角度还有1针距时，抬起压脚，机针依旧保持插入面料上，将面料旋转45°，放下压脚，缝1针距；

再将压脚抬起，机针保持不动插在面料上，再将面料旋转45°，接着缝剩余部分；完成机缝后，将缝份的尖角剪掉，如图4-62所示。

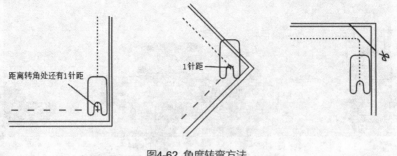

距离转角处还有1针距

1针距

图4-62 角度转弯方法

4. 分缉缝

两层衣片平缝后分缝，在衣片正面两边各压缉一道明线，如图4-63所示。分缉缝常用于衣片拼接部位的装饰和加固作用。

5. 坐缉缝

两层衣片平缝后，毛缝单边坐倒，正面压一道明线，如图4-64所示。坐缉缝常用于衣片拼接部位加固作用。

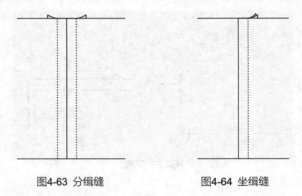

图4-63 分缉缝   图4-64 坐缉缝

6. 分坐缉缝

两层衣片平缝后，一层毛缝坐倒，缝口分开，在坐缝上压缉一道线，如图4-65所示，起加固作用，如裤子后裆缝等。

7. 搭缝

两层衣片缝头相搭1cm，居中缉一道线，如图4-66所示，使缝口平薄、不起梗。搭缝常用于衬布和某些需拼接又不显露在外面的部位。

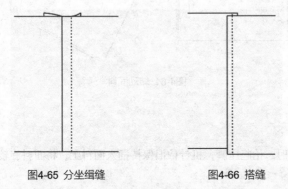

图4-65 分坐缉缝   图4-66 搭缝

8. 对拼缝

两层衣片不重叠，对拢后用Z形线迹来回缝缉，如图4-67所示。此缝比搭缝更平薄，适用于衬布的拼接。

9. 压缉缝

上层衣片缝口折光，盖住下层衣片缝头或对准下层衣片应缝的位置，正面压缉一道明线，如图4-68所示。压缉缝常用于装袖衩、袖克夫、领头、裤腰、贴袋或拼接等。

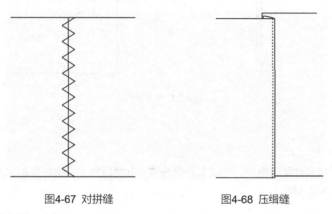

图4-67 对拼缝   图4-68 压缉缝

10. 贴边缝

衣片反面朝上，把缝头折光后再折转一定要求的宽度，沿贴边的边缘缉0.1cm清止口，如图4-69所示。注意上下层松紧一致，防止起涟。

11. 包边缝

把包边缝面料两边折光，折烫成双层，下层略宽于上层，把衣片夹在中间，沿上层边缘缉0.1cm清止口，把上、中、下三层一起缝牢，如图4-70所示。包边缝常用于装袖衩、裤腰等。

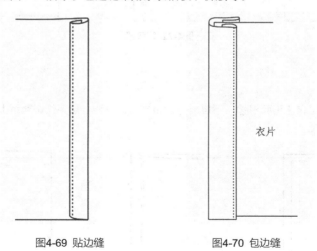

衣片

图4-69 贴边缝   图4-70 包边缝

12. 来去缝

两层衣片反面相叠，平缝0.3cm缝头后把毛丝修剪整齐，翻转后正面相叠合缉0.5~0.6cm，把第一道毛缝包在里面，如图4-71所示。来去缝常用于薄料衬衫、衬裤等。

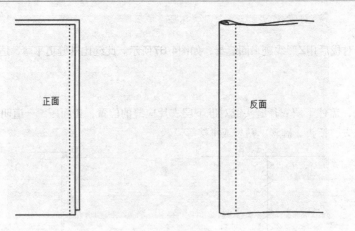

图4-71 来去缝

13. 明包缝

明包缝明缉呈双线。两层衣片反面相叠，下层衣片缝头放出1cm包转，再把包缝向上层正面坐倒，缉0.1cm清止口。明包缝用于男两用衫、夹克衫等。

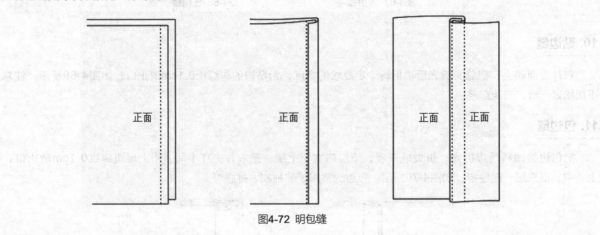

图4-72 明包缝

14. 暗包缝

暗包缝明缉成单线，两层衣片正面相叠，下层放边1cm缝头，包转上层，缉0.3cm止口，再把包缝向上层衣片反面坐倒。暗包缝用于夹克衫等。

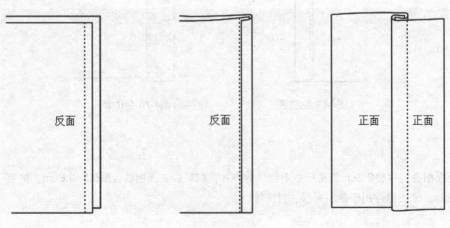

图4-73 暗包缝

4.4.3　碎褶处理方法

制作碎褶可采用手缝方法中的缩缝来解决，但是机缝相对来说操作更加简单。

步骤01 先将缝纫机面线调节杆调松，以大针距机缝一道直线，然后轻拉两端线头，慢慢将细褶分布均匀，如图4-74所示。

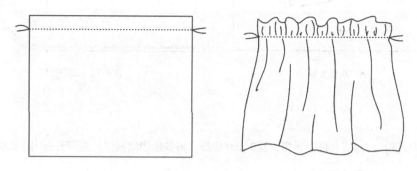

图4-74 制作细褶

步骤02 缝合碎褶时，将有碎褶裁片放在上面，用压脚固定，一边机缝一边用锥子辅助推送，如图4-75所示。

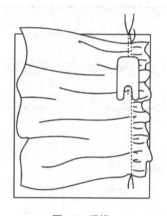

图4-75 缉线

4.4.4　布条缝合处理方法

布条不仅具有装饰作用，还可以对裁片进行包边，以下介绍几种常见的布条缝合方法。

主体固定好，把布条放在主体上方后开始机缝，如图4-76所示。

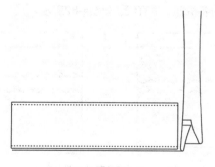

图4-76 缝制布条

1. 弧线处的缝合方法

缝合弧度比较平缓的布条时，应先将布条放置在重合部位，机缝后用熨斗将布条熨烫平整，如图4-77所示；缝合弧度比较陡急的布条时，弧线处应先用平针针法将其缝合，再用机缝固定，如4-78所示。

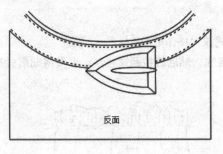

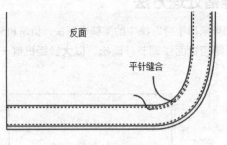

图4-77 弧度较小　　　　　　　　　图4-78 弧度较大

2. 边角的缝合方法

步骤01 首先将布条反面相对对折，机缝斜角，留0.3cm缝份，将多余边角减掉，并剪开折山，如图4-79所示。

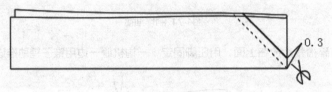

图4-79 布条边角缝合方法

步骤02 将剪开的部分打开，用熨斗烫分开缝，如图4-80所示；最后将布条边角与要缝合的面料边角相叠，机缝好边缘，如图4-81所示。

图4-80 烫分开缝　　　　　　　　　图4-81 缉线

3. 波浪形布条的缝合方法

波浪形布条一般分为宽窄两种类型，缝合较窄的布条时只需将布条放置在面料上方，然后在布条正中间机缝即可；缝合较宽的布条时则需在布条两边各机缝一道直线，如图4-82所示。

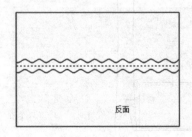

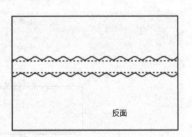

图4-82 不同宽度布条的缝合方法

4. 装饰布条的缝合方法

此类布条主要起装饰作用，比一般布条厚一点，缝纫时要使用同色系的缝纫线进行手工翘边，如图4-83所示。

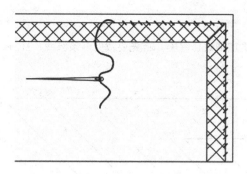

图4-83 装饰性布条的缝合方法

5. 布边的缝制方法

在对布边进行处理时，一般选择较薄的布条，先将裁片用疏缝固定好，再将布条与裁片整理好后相叠，开始机缝，如图4-84所示。

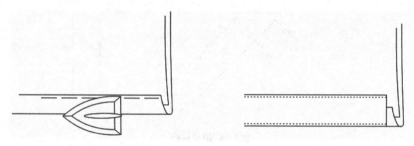

图4-84 布边的缝制方法

6. 对折布条的使用

步骤01 将裁片整理好放置在一起，两片相叠，对裁片边缘进行机缝，如图4-85所示。

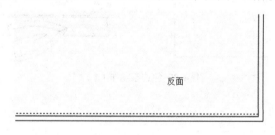

反面

图4-85 机缝裁片边缘

步骤02 将布条的中间折痕与布边对齐，用疏缝进行固定；再将布条翻折，对布条边缘进行机缝，如图4-86所示。机缝时要注意布条两边都缝合上，防止布条脱落。

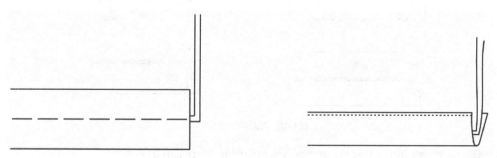

图4-86 机缝布条

4.4.5 滚边处理方法

滚边的主要作用是为了让服装更加精致、完美。首先要裁剪多条斜纱，且斜纱必须是正斜纱，与布纹成**45°**，如图**4-87**所示。

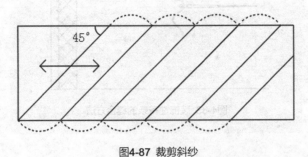

图4-87 裁剪斜纱

因斜纱对纱向要求非常严格，长度不够时需对其进行拼接，拼接后烫分开缝，并将多余部分剪掉，如图**4-88**所示。

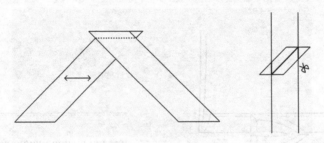

图4-88 拼接斜纱

包边条的制作方法

• 第一种制作方法如图**4-89**所示，将包边条向中心线对折，用熨斗熨烫定型。

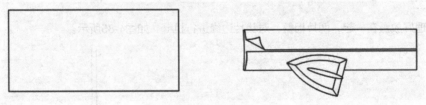

图4-89 包边条制作（1）

• 第二种制作方法如图**4-90**所示。

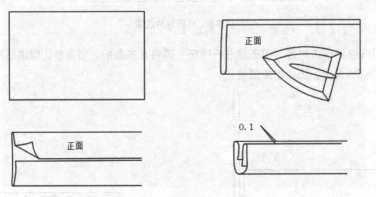

图4-90 包边条制作（2）

• 第三种制作方式是使用市面上销售的制带器就可以制作出，如图**4-91**所示。

图4-91 包边条制作（3）

不同类型滚边的处理方法介绍如下。

1. 常用滚边制作方法

步骤01 首先将布条与面料反面相对相叠，沿折痕机缝，如图4-92所示。

图4-92 缝合面料与布条

步骤02 将布条翻至面料正面，用手缝针法固定，如图4-93所示。

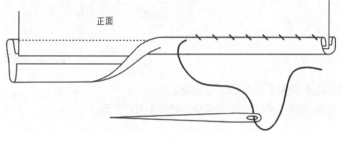

图4-93 手缝针固定

2. 使用机缝操作方法

先将布条与面料正面相对重叠，沿着折痕机缝，再将布条翻至反面，裹住面料布边，在反面用缝纫机进行机缝，如图4-94所示。

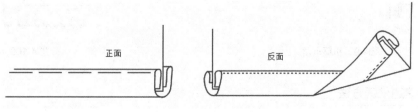

图4-94 缝合面料与布条

3. 直角滚边的处理方法

　　先将布条与面料平行放置，机缝至拐角处将线剪掉，再将斜布条顺着直角改变方向，多余的部分折起，如图4-95所示。

　　将斜布条往面料反面折叠，用手缝针法对直角部分进行缝制，如图4-96所示。

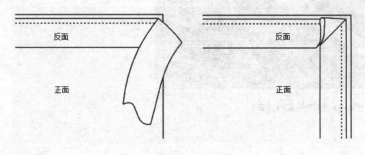 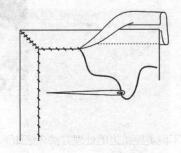

图4-95 调整布条方向　　　　　　　　　　　　图4-96 手缝针法收尾

4. 内拐角处滚边的处理方法

步骤01 将斜布条和面料平行放置，机缝至拐角处后将压脚抬起，机针插入面料中，在拐角处剪刀口，如图4-97所示，注意剪刀口时距离缝份0.2~0.3cm。

步骤02 剪开后将刀口撑开，向下拉至于上端面料呈同一直线上，继续机缝；完成后将斜布条的折角折入，如图4-98所示。

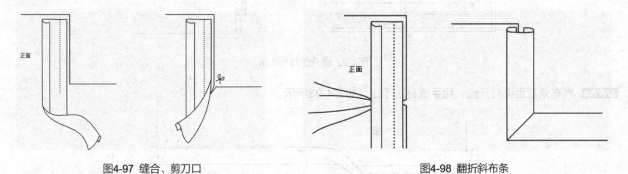

图4-97 缝合、剪刀口　　　　　　　　　　　　图4-98 翻折斜布条

步骤03 折角往内折后，按照图4-99所示的方法进行机缝。

步骤04 最后将缝份折叠，在反面以手缝针法固定结尾，如图4-100所示。

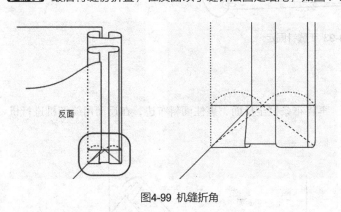 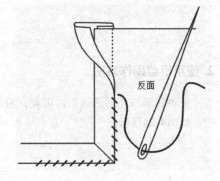

图4-99 机缝折角　　　　　　　　　　　　图4-100 手缝针法固定

5. 内凹弧形边的滚边处理方法

　　因斜布条弹性佳，缝合弧线时要注意拉扯力度合理，不可将斜布条拉得过长，先将斜布条与面料重合相叠，机

缝后将斜布条翻至面料反面用手缝针法处理，如图4-101所示。

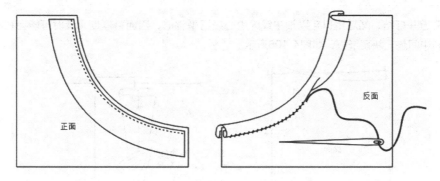

图4-101 内凹弧形边的滚边处理方法

6. 外凸弧形边的滚边处理方法

先将斜布条沿弧线机缝，由于线迹呈弧形，斜布条内侧微微缩起，只需将斜布条翻至面料反面用手缝针法缝好，如图4-102所示。

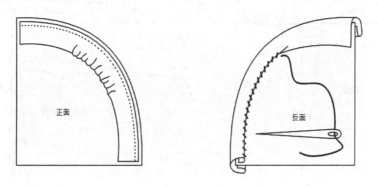

图4-102 外凸弧形边的滚边处理方法

4.4.6 收省处理方法

收省的目的是为了让服装更加贴合于人体，对省道的处理方法不同则会形成不同的效果，以下介绍针对不同面料对省道的处理方法。

1. 较薄面料省道的处理方法

步骤01 将面料沿省中心线对折，对准记号线机缝，机缝接近省尖0.5cm时靠近边缘，机缝完成后保留5cm左右的缝纫线，将缝纫线打结防止线迹脱落，如图4-103所示。

步骤02 用熨斗对省道进行熨烫，将省道倒向一边，如图4-104所示。

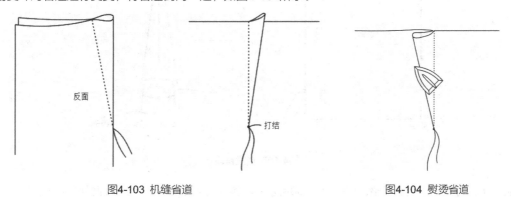

图4-103 机缝省道   图4-104 熨烫省道

2. 中等厚度面料省道的处理方法

首先机缝好省道并打结，然后用熨斗以袖中线为中心线压平省道，因面料厚度熨烫时可能会在正面留下痕迹，所以熨烫时在面料中间垫一块硬纸板，如图4-105所示。

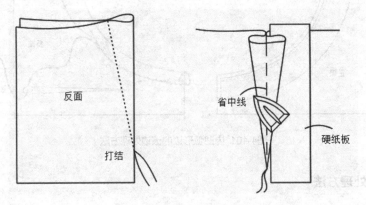

图4-105 机缝省道、熨烫省道

为使省道平伏，需采用星止缝对省道进行固定，星止缝背面线迹应从机缝线边缘穿出，如图4-106所示。

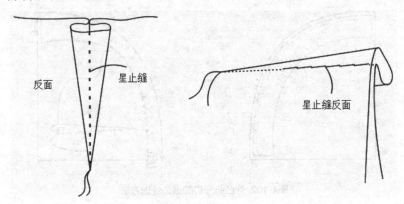

图4-106 星止缝固定

3. 后面料省道的处理方法

先机缝省道，再以省中线为中心线烫平省道，用锥子辅助，可以将省道熨烫得更加服帖，如图4-107所示。

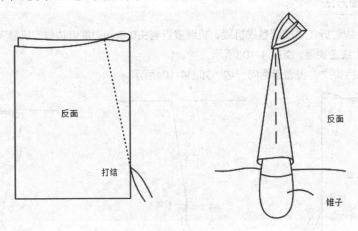

图4-107 熨烫省道

如果面料太厚导致不能熨烫平整，可按图4-108所示方法将省道剪开熨烫，可减少面料厚度。

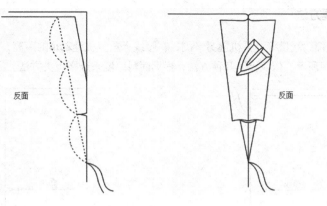

图4-108 剪开省道熨烫

面料更厚时，可在省道1/2处剪刀口，将省道上半部分剪开烫分开缝，下半部分熨烫后用星止缝固定，如图4-109所示。

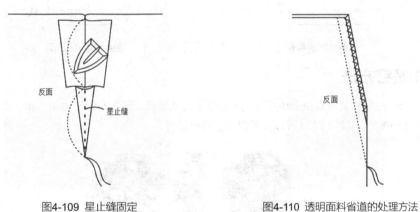

图4-109 星止缝固定　　　　　　图4-110 透明面料省道的处理方法

4. 透明面料省道的处理方法

如果使用透明面料，机缝后应将缝份保留0.7~0.8cm，多余部分剪掉并将两片布一起锁边，然后将缝份倒向一边，如图4-110所示。

5. 容易虚边面料省道的处理方法

因面料容易虚边，所以不能对面料进行剪刀口这一动作，在机缝时，可将面料裁成斜布条垫在省道下方一起缝合，如图4-111所示。缝好后，将斜布条与省道用熨斗烫开，如图4-112所示。

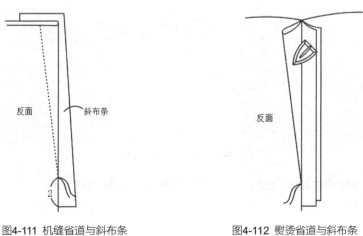

图4-111 机缝省道与斜布条　　　　图4-112 熨烫省道与斜布条

6. 衣片腰身省道的处理方法

从腰线开始先往另一侧尖端机缝，再机缝另一侧，在腰线上重复机缝2cm的距离，如图4-113所示；缝好后在省道中间剪刀口，如图4-114所示。依照上述几种方法，根据面料厚度来选择熨烫方法。

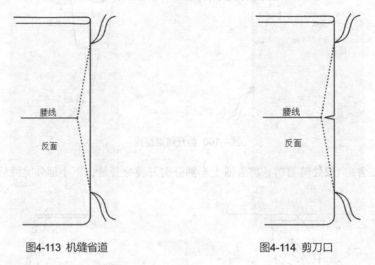

图4-113 机缝省道   图4-114 剪刀口

4.4.7　暗扣装钉方法

暗扣（图4-115）比纽扣更容易扣上和打开，大多用于儿童服装，暗扣凸的一边（公扣）和上门襟缝合，凹的一边（母扣）和下门襟缝合。其缝制方法可以参照以下步骤来进行。

图4-115 暗扣

步骤01 先将线打结，在衣服上缝一小针作为暗扣的中心，如图4-116所示。

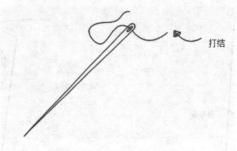

图4-116 在衣服上缝一小针

步骤02 将针穿过暗扣上的小孔并拉紧，缝线，一个孔重复缝三次，如图4-117所示。

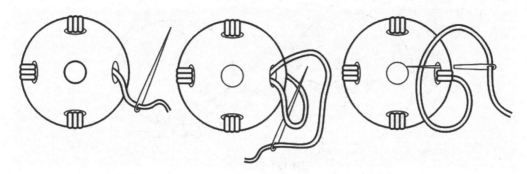

图4-117 缝制暗扣

步骤03 将暗扣上所有小孔都缝好固定后就可以打结了,打结后将线穿过暗扣的下方,把线结藏进暗扣下方后剪断线,暗扣缝制完成,如图4-118所示。暗扣的另一半也是用同样的操作方法。

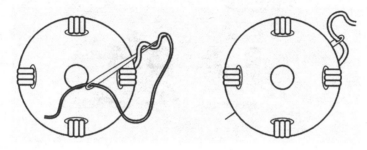

图4-118 打结、收尾

步骤04 为掩盖暗扣本身的颜色,通常使用服装本身面料对暗扣进行包装。如图4-119所示,裁剪布料后缩缝一圈,然后用锥子在中心开孔。

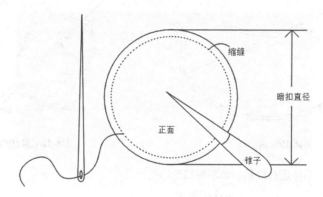

图4-119 缩缝及开孔

步骤05 公扣的凸面穿过锥子开的孔按入母扣的凹孔里面,如图4-120所示。

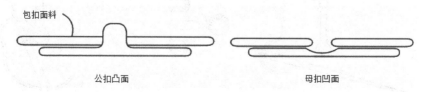

图4-120 暗扣与面料合并

步骤06 最后将线收紧,包扣就完成了,如图4-121所示。

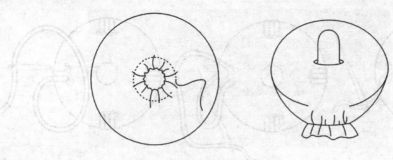

图4-121 包扣收尾

4.4.8 钩扣装钉方法

钩扣主要为金属丝做的小钩扣和金属片做的大钩扣（图4-122），通常用于裤子、裙子及高档大衣。

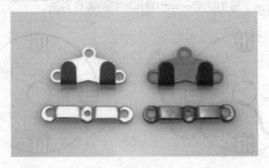

图4-122 钩扣

为了使钩扣能够更加牢固地扣住腰带，可以使用两股线，如图4-123所示；将针穿入线环后拉紧，如图4-124所示。

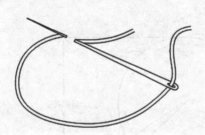

图4-123 两股线

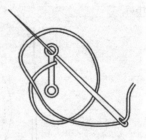

图4-124 穿线轨迹

然后从打结的地方开始按顺序进行缝制，如图4-125所示。

缝制时要注意线迹排列整齐、漂亮，如图4-126所示。

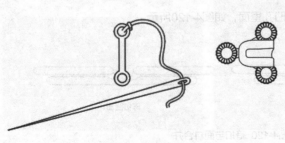

图4-125 开始缝制

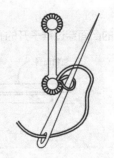

图4-126 缝制完成后的线迹

服装局部制版

服装局部具体是指服装的领子、袖子、口袋等部位。通过对服装局部结构制版技术的学习，掌握服装局部结构制版的技巧和技能，从而达到能根据服装平面结构设计图进行局部结构制版的能力。

5.1 衣领制版

衣领是贴合于人体颈部的构成服装的主要部件之一，起保护和装饰作用，既能衬托人的脸颊与脖颈，又有较强的外形展示效果，在很大程度上体现出服装的美感及外观质量。

5.1.1 衬衫领

衬衫领是衬衫变化最多和最显特色的重要组成部位，常见的衬衫领型有标准领、温莎领、长尖领、纽扣领等，如图5-1所示。

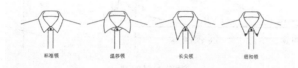

标准领　　　　　温莎领　　　　　长尖领　　　　　纽扣领

图5-1 衬衫领型

- 标准领，长度和敞开的角度走势平缓的领子，这种领型在商务活动中是最常见最普通的款式，因而也最容易搭配，它不受年龄因素影响，且适合任何脸型。
- 温莎领，也叫一字领，左右领子的角度在120°~180°之间。这一领子又被称为敞角领或法式领，与之相配的领带领结称"温莎结"。
- 长尖领，多出现在时装里。大多不需要系领带，适于搭配休闲时装西服外套。
- 纽扣领，领尖以纽扣固定于衣身，最早是参加运动比赛的人也穿衬衣进行，为了方便所以加上这个设计。一般多用于运动休闲衬衫。

标准领制版操作步骤

款式外形描述：这是一款普通的标准衬衫领，多数衬衫领型都是在此基础上进行结构变化设计，所以在对温莎领、长尖领等领型进行结构制版时在此基本型上变化即可。

制版要点：先确定前后衣片的领口线，再量取领口弧线长，绘制领片。领片在前中心起翘的尺寸越大就越贴近脖子，起翘的尺寸越小就越远离脖子，领座的领口弧度越大，翻领部分的领口弧度也随之增大。

制版规格：以160/84A为基本型，取领围38cm，领座高3cm，翻领宽4cm。

步骤01 制作领片框架，如图5-2所示。

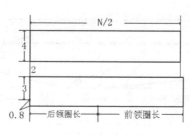

图5-2 领片框架

步骤02 将前后领圈长分为三等分，C点向外平移门襟宽1.7cm，连接A、B、C、D四点，画顺弧线，如图5-3所示。

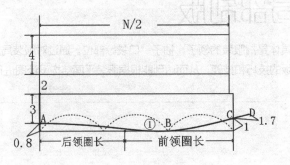

图5-3 领底弧线

步骤03 作C、D两点的垂线，延长至E、F两点。在线段CE上取2.5cm作为领座宽，如图5-4所示。

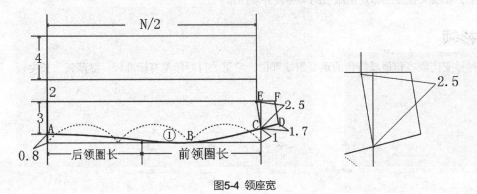

图5-4 领座宽

步骤04 过2.5cm处连接G、D两点，画弧线，如图5-5所示。

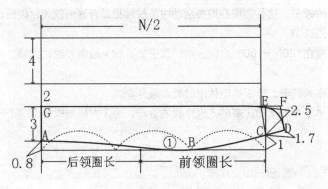

图5-5 画弧线

步骤05 连接H、E两点，画弧线，如图5-6所示。

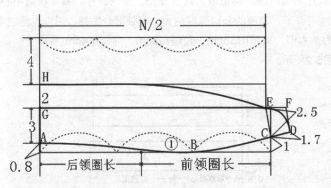

图5-6 翻领领底弧线

步骤 06 将N/2分成四等分，向外延伸2cm后再向上延伸1cm形成J点。连接J、E两点，如图5-7所示。

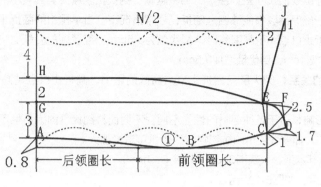

图5-7 领角线

步骤 07 经过N/2中点处连接K、J两点，画弧线，如图5-8所示。

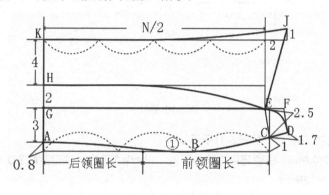

图5-8 领外围线

5.1.2 戗驳领

戗驳领属于驳领中的一种，由领座、翻领及驳头组成。驳头是指衣身上向外翻出的部分，驳头宽窄、长短都可以变化。驳头向上称为戗驳领，向下则是平驳领，如图5-9所示，宽驳头比较休闲，窄驳头比较正式。翻驳领具有所有领型的综合特点，在服装中应用广泛，领型变化极其丰富，是所有领型中结构最复杂的。

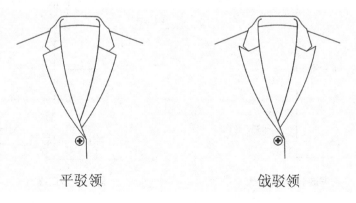

平驳领   戗驳领

图5-9 驳领领型

戗驳领是由平驳领变化而来，戗驳领结构制版也是在平驳领结构制版上稍加改造。

平驳领制版操作步骤

- - - - - - - - - - - - - - - - - - -

  制版要点：倒伏量是翻驳领特有的结构，它是整个领型结构变化的重要因素。由于翻驳领领型特殊，是由衣身一部分的驳头和翻领一起构成的领型，翻领的领面要与肩部胸部贴合，所以必须将领底线向下弯曲，从而产生倒伏量。倒伏量的大小由领线和领外围线的尺寸差数决定，翻领越宽，倒伏量就越大。其大小的确定，可以说是控制整个翻驳领纸样设计的关键，为了确保翻驳领能够圆顺翻折，通常情况下，当单排扣的翻折止口点高于原型胸围线与腰围线的中点时，双排扣的翻折止口点高于腰围线时，倒伏量为3.5cm；当翻驳领的后领宽尺寸由于设计造型的需要大于6cm时，那么，后领宽每加宽1cm，倒伏量增加0.5cm。

翻折止口点与倒伏量的关系： 倒伏量受翻折止口点高低的影响，翻折止口点越高，开领越小，翻折线斜度越大，倒伏量就越大。

面料材质对倒伏量的影响： 由于各种面料的性能不同，不同面料倒伏量的大小也不同，弹性较大的天然织物或粗纺织物，倒伏量可小一些；伸缩性较小的纺织物，倒伏量可适当加大。

制版规格以160/84A为基本型，取领围38cm，h=4.5，ho=3。

步骤01 量取后领圈弧线长度，如图5-10所示。

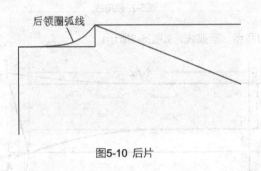

图5-10 后片

步骤02 从腰节线往上2cm定驳口止点，如图5-11所示。

步骤03 驳口线：设倾角高为0.8ho，由领肩点往前中量取。以A点为圆心，领口宽减去0.8ho为半径画领口圆，驳口止点与领口圆作切线，如图5-12所示。

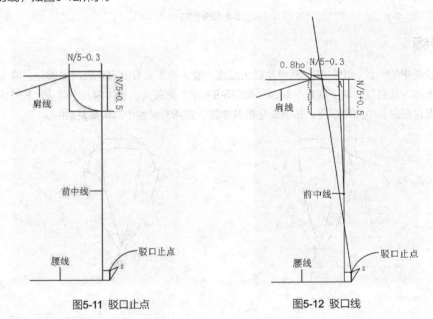

图5-11 驳口止点   图5-12 驳口线

步骤04 串口线：将领深三等分，取三分之二处与横开领撇胸量相交点，画斜直线连接，如图5-13所示。

步骤05 前中心线与横开领相交点延长，确定驳头宽为4cm。

步骤06 驳口外围线：将4cm点与驳口止点连接，画弧线，弧度量为0.3~0.5cm，如图5-14所示。

图5-13 串口线　　　　　　　　图5-14 驳口外围线

步骤07 领驳平直线：按0.9ho作驳口线的平行线，如图5-15所示。

步骤08 衣领倾斜度：2（h-ho），如图5-16所示。

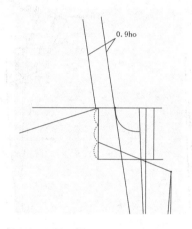
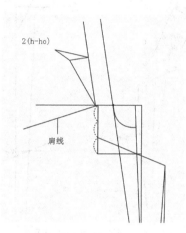

图5-15 领驳平直线　　　　　　　图5-16 衣领倾斜度定位

步骤09 领底弧线：量取后领圈弧线长，与前领圈弧线相连，画顺领底弧线，如图5-17所示。

步骤10 领宽线（后领中线）：取h+ho，如图5-18所示。

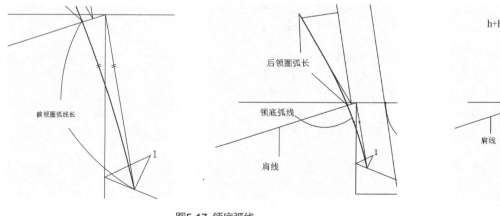
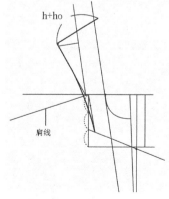

图5-17 领底弧线　　　　　　　图5-18 领宽线

步骤11 上领角取3.5cm，如图5-19所示；连接后领中线，画顺弧线，如图5-20所示。

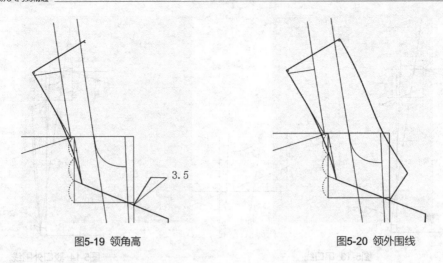

图5-19 领角高　　　　　　　　　　　图5-20 领外围线

步骤12 平驳领制版完成，如图5-21所示。

步骤13 戗驳领可在上述平驳领步骤中根据款式特点对驳头加以改变，如图5-22所示。

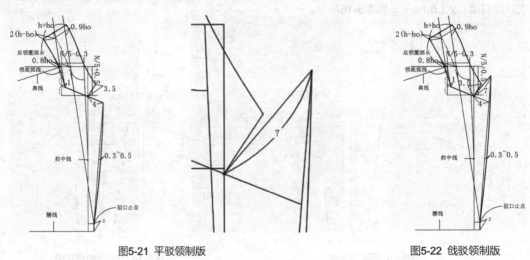

图5-21 平驳领制版　　　　　　　　　　　图5-22 戗驳领制版

5.1.3 圆驳领

圆驳领也属于驳领中的一种，因其驳头为圆弧形而得名，如图5-23所示。

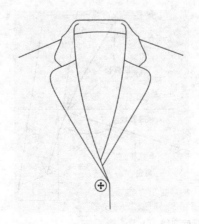

图5-23 圆驳领

圆驳领制版与平驳领制版相似，只需将驳头形状加以改变。

圆驳领制版操作步骤

步骤01 综合上述平驳领制版，画出驳口外围线，如图5-24所示。

步骤02 画弧形驳头，驳头弧度为0.7~1cm，如图5-25所示。

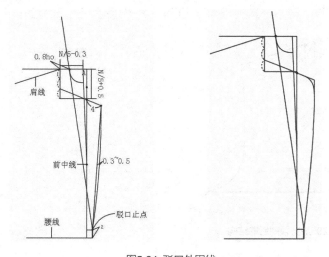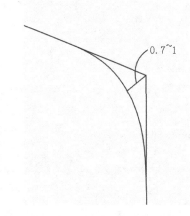

图5-24 驳口外围线   图5-25 驳头弧线

步骤03 画出领片，画圆领角，如图5-26所示。

步骤04 圆驳领制版完成，如图5-27所示。

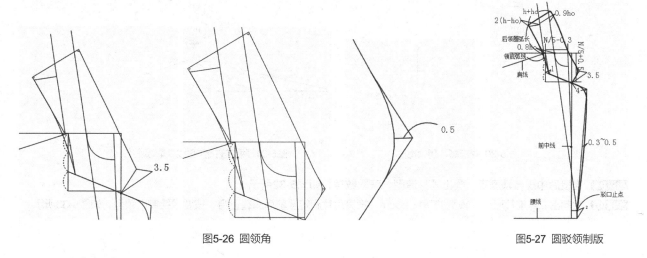

图5-26 圆领角   图5-27 圆驳领制版

5.1.4 海军领

海军领属于坦领类，领子覆盖在肩上，领面大于领座，领面与肩宽一致，如图5-28所示。

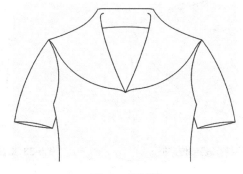

图5-28 海军领

海军领制版操作步骤

步骤 01 根据款式造型，设：a=12，b=1。

步骤 02 后领宽加宽1~1.5cm，如图5-29所示。

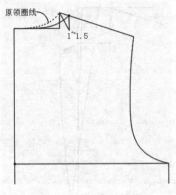

图5-29 加宽领圈后的结构

步骤 03 延长后中缝，画出领座高，领座高向下12cm标出翻领宽，如图5-30所示。

步骤 04 连接新的颈肩点和后领圈基点，在领基点处作垂线，将后中缝平移至新的颈肩点，如图5-31所示。

步骤 05 作垂线和平移线的角平分线，在角平分线上取领座高1cm，如图5-31所示。

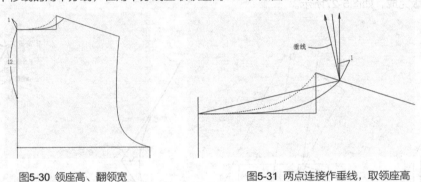

图5-30 领座高、翻领宽　　　　　　　图5-31 两点连接作垂线，取领座高

步骤 06 连接后中线与领座高，画出领片造型，获取数据，如图5-32所示。

步骤 07 绘制出衣身前片原型，领宽加宽1~1.5cm。拷贝后片旋转至前后肩缝重合，按要求绘制出领型，如图5-33所示。

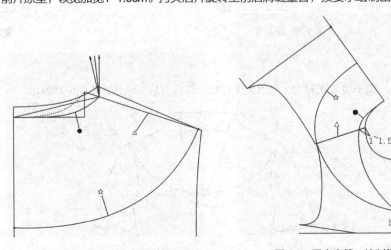

图5-32 量取翻领各部位数据　　　　　　图5-33 重合肩缝，绘制领型

步骤 08 拷贝原后翻领，以颈肩点为圆心旋转，获取新的领造型线。根据面料特性将领子缩短0.3~0.7cm，可以使领

子更加贴合于人体，如图5-34所示。

步骤 09 海军领制版完成，如图5-35所示。

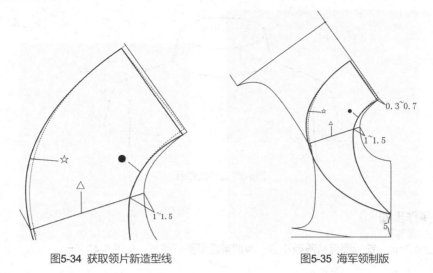

图5-34 获取领片新造型线   图5-35 海军领制版

5.1.5 立领

立领造型简单，实用性较强，是一种没有翻领的领型。由领圈和领片组成。领型变化的主要因素是装领的弧线。根据人体本身颈部的造型，装领线必须上翘（某些特殊款式除外），立领造型的关键因素是起翘量的大小，领口弧线的深度越大起翘量越大。

第一种是较为传统的学生装领，这种领型较贴合脖颈，如图5-36所示。

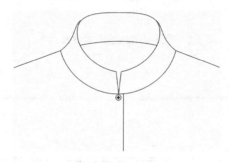

图5-36 学生装领

学生装领制版操作步骤

学生装领制版时使用原型的领口线，一般采用1.5cm～2.5cm的起翘量。

步骤 01 前后领宽各加宽0.3cm，量取新领圈弧线长，如图5-37所示。

步骤 02 绘制领片，如图5-38所示。

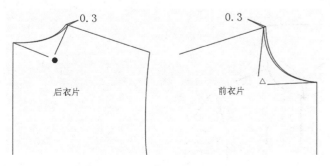

图5-37 量取前后领圈弧线长

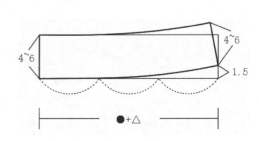

图5-38 学生装领制版

第二种是直条式立领，领子着装后会出现稍向后倾斜的效果，因此需要对衣身领口进行修正，制版时只需将后领口深度略微减小即可，这种领子没有起翘量，如图5-39所示。

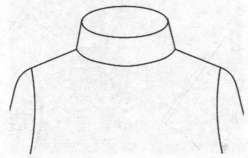

图5-39 直条式立领

直条式立领制版操作步骤

步骤01 后领深往上0.3cm，前领圈保持原型不变，量取前后领圈弧线长，如图5-40所示。

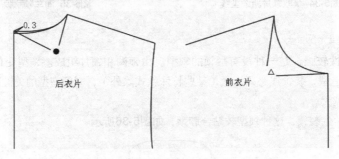

图5-40 量取前后领圈长

步骤02 绘制领片，如图5-41所示。

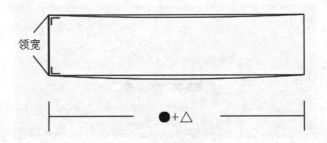

图5-41 直条式立领制版

第三种是倒梯式立领，如图5-42所示，这种领子的起翘称为倒起翘，倒起翘量因上领口的大小也有所不同。起翘量越大，上领口越大，可依据款式需求来调节起翘量。

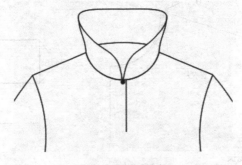

图5-42 倒梯式立领

倒梯式立领制版操作步骤

步骤01 前后领宽各加宽0.3cm，量取新的领圈弧线长，如图5-43所示。

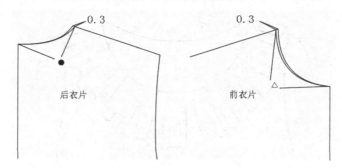

图5-43 量取前后领圈弧线长

步骤02 绘制领片，如图5-44所示。

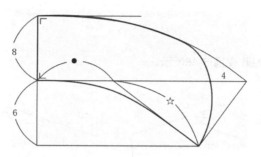

图5-44 倒梯式立领制图

第四种是连身立领，如图5-45所示。领座相连，既有立领的造型特征，又有与衣身相连后形成的独特风格。

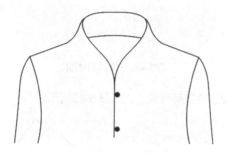

图5-45 连身立领

连身立领制版操作步骤

前后领宽各加宽1cm，前领深加深1cm，后领深加深0.5cm。如图5-46所示，在前后衣片上直接画出前后领外围线。

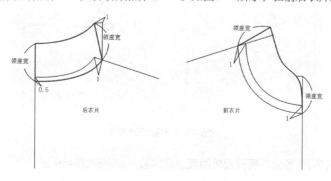

图5-46 连身立领制版

5.1.6 褶皱领

褶皱领，是指有很多褶皱的领子，如图5-47所示，裁剪时需要重视面料的纱向。

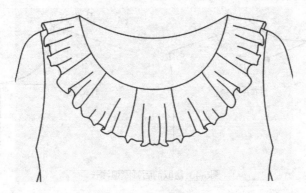

图5-47 褶皱领

褶皱领制版操作步骤

步骤01 分别加宽与加深前后领圈，如图5-48所示。

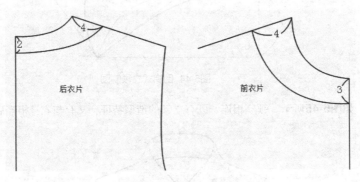

图5-48 开大前后领圈

步骤02 根据款式特点绘制出领片造型，合并前后领片，如图 5-49所示。

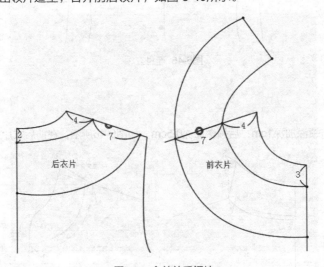

图5-49 合并前后领片

步骤03 单独提取领片，将它们九等分，展开领外围弧线后加量，如图5-50所示。

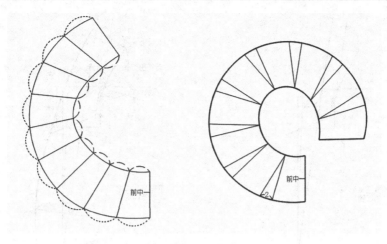

图5-50 展开、加量

5.1.7　青果领

青果领在结构上属于西装领类型，与其他领型相比，其驳头处没有领嘴，如图5-51所示。

图5-51 青果领

采用领面与衣身贴边连裁的结构来制作，首先在原型基础上绘制西装领纸样，绘制出翻折线。

青果领制版操作步骤

步骤01　量取后领圈弧线长度，如图5-52所示。

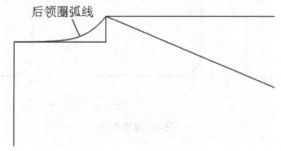

后领圈弧线

图5-52 后领圈弧线

步骤02　绘制西装领纸样，然后根据款式需要绘制领片造型，如图5-53所示。

步骤03　以翻折线为对称轴翻转，连接后领中线，青果领制版完成，如图5-54所示。

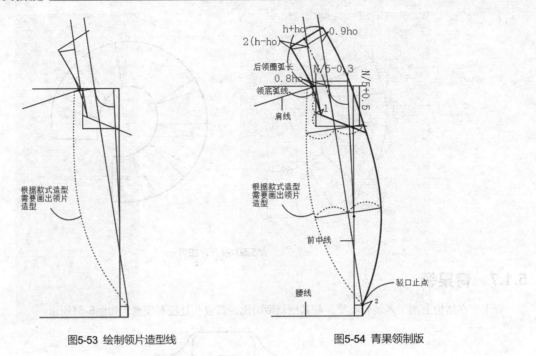

图5-53 绘制领片造型线   图5-54 青果领制版

5.2 口袋制版

服装款式、色彩、面料是服装设计中的重要组成部分，在这三大因素确定后，服装的细节设计就显得非常重要。口袋则是服装细节设计的主要部件之一，其造型变化丰富，它不仅具有装物放手的功能，也具有装饰的作用，同时合理的口袋设计也可以增加服装的点缀感、层次感和趣味感。

口袋主要分为三大类别：贴袋、挖袋、插袋。

5.2.1 贴袋

贴袋是将布料裁剪成一定的形状直接缝在衣片上的最简单的口袋。贴袋造型繁多，有直角贴袋、圆角贴袋及琴裥式贴袋，如图5-55所示。

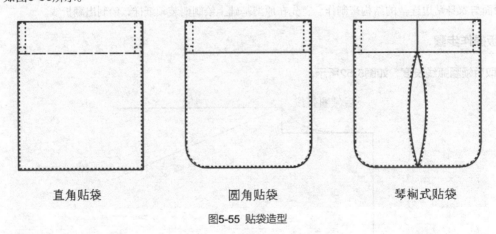

直角贴袋   圆角贴袋   琴裥式贴袋

图5-55 贴袋造型

直角贴袋制版如图5-56所示。

圆角贴袋制版如图5-56所示。

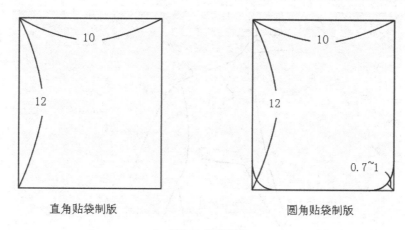

直角贴袋制版   圆角贴袋制版

图5-56 贴袋制版

琴裥式贴袋制版如图**5-57**所示。

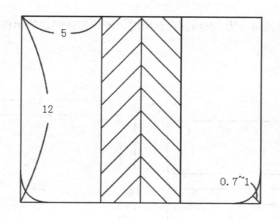

图5-57 琴裥式贴袋制版

5.2.2 挖袋

挖袋又称开袋，分为单嵌线挖袋、双嵌线挖袋和袋盖式挖袋三种，如图**5-58**所示。挖袋是袋体在衣服里面，夹在衣服的面料和里料之间，外面只露出袋口或袋盖。

手巾袋也属于挖袋，是指西装胸部的开袋，如图**5-59**所示，它是所有口袋中工艺要求较高的款式。

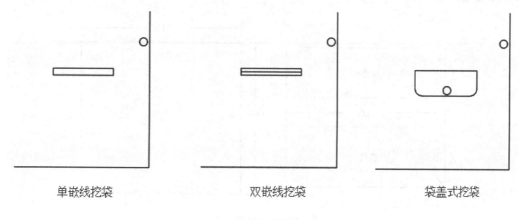

单嵌线挖袋   双嵌线挖袋   袋盖式挖袋

图5-58 挖袋

图5-59 手巾袋

根据人体手掌宽度，袋口宽通常设为12cm，在制版时，嵌线每边需加2cm作为缝份，总共16cm，袋深为13~17cm。

单嵌线挖袋制版如图5-60所示。

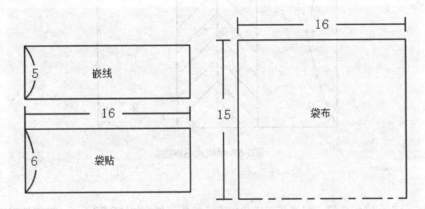

图5-60 单嵌线挖袋制版

双嵌线挖袋制版与单嵌线制版原理是一样的，仅多一片嵌条，所以在裁剪面料时要多裁一片，如图5-61所示。

袋盖式挖袋如图5-62所示。

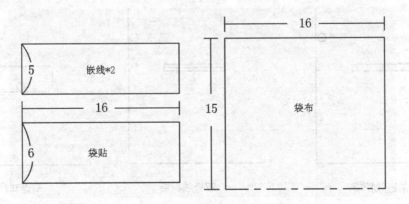

图5-61 双嵌线挖袋制版

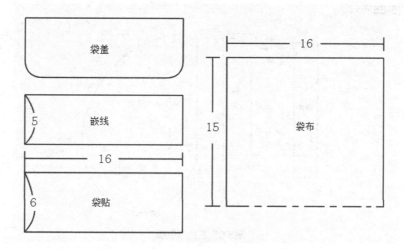

图5-62 袋盖式挖袋制版

手巾袋制版如图5-63所示。

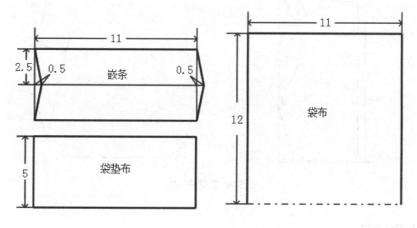

图5-63 手巾袋制版

5.2.3 插袋

插袋是指在服装拼接缝间留出的口袋，如图5-64所示。衣身的侧缝、公主缝中都可以缝制插袋，常见于裤子的左右侧。

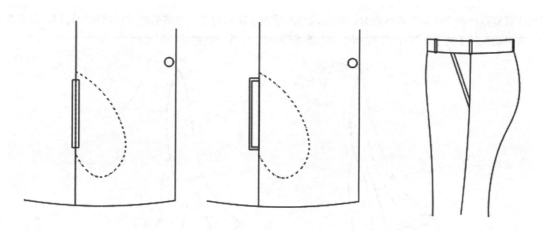

图5-64 直插袋、斜插袋

直插袋制版如图5-65所示。

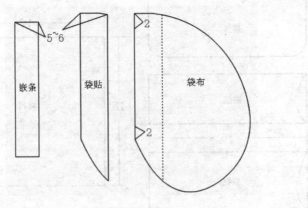

图5-65 直插袋制版

斜插袋制版如图5-66所示。

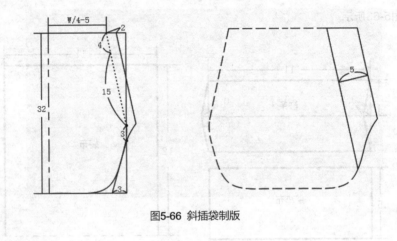

图5-66 斜插袋制版

5.3 衣袖制版

下面介绍各类衣袖的制版方法。

5.3.1 喇叭袖

喇叭袖通常是指袖管形状跟喇叭相似，袖口向四周呈放射状的袖子。对喇叭袖进行结构设计时，可直接从袖山处设计，也可截取袖子的下半部分进行设计，如图5-67所示，设计时把握好长度比例。

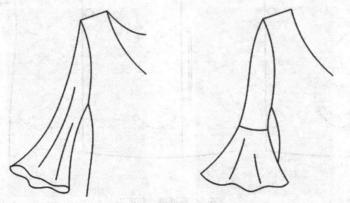

图5-67 喇叭袖

喇叭袖制版操作步骤

　　根据款式，将袖长定为46cm，袖口宽为23cm。

步骤01 如图5-68所示，先绘制一条水平线，作水平线的垂线形成十字架状，将前后袖窿弧线拷贝至已画好的十字架上。

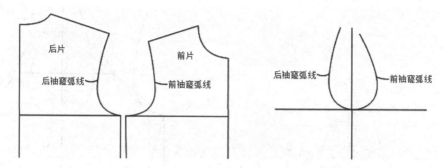

图5-68 拷贝前后袖窿弧线

步骤02 从前后袖窿弧线顶点作垂线到袖中线，并平分两点之间的距离，如图5-69所示。

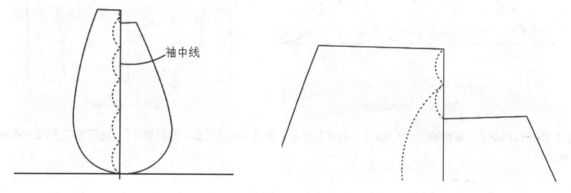

图5-69 取中点

步骤03 把垂线距离的中点至十字架交叉点的距离五等分，以五分之四处为袖山高点并量取袖长，在五分之二处画袖基线，如图5-70所示。

步骤04 量取前后袖窿弧长度，连接袖山高点与十字架水平线，长度为前AH-0.5和后AH+0.5，得出前后袖宽，如图5-71所示。

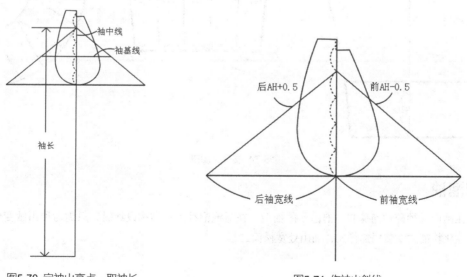

图5-70 定袖山高点，取袖长　　　　　　　图5-71 作袖山斜线

步骤05 绘制袖山弧线，将前后袖山弧线各四等分，在前袖窿弧线四分之三处作垂线1.8cm，在后袖窿弧线四分之三处作垂线1.5cm。基线与前袖山斜线相交处上提1cm定点，基线与后袖山斜线相交处下降1cm定点，连接各点形成袖山弧线，如图5-72所示。

步骤06 绘制袖口，从袖中线往两侧量取前袖口大SL/2-0.5，后袖口大SL/2+0.5，绘制弧线，如图5-73所示。

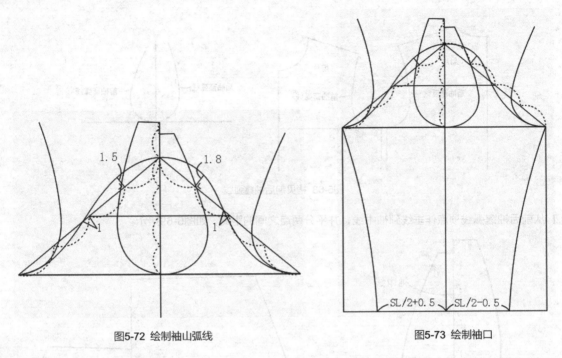

图5-72 绘制袖山弧线　　　　　　　　　　　　　图5-73 绘制袖口

步骤07 如图5-74所示，提取袖口部分10cm，将其五等分，展开加入放松量，放松量=（变化后袖口大-变化前袖口大）/4。

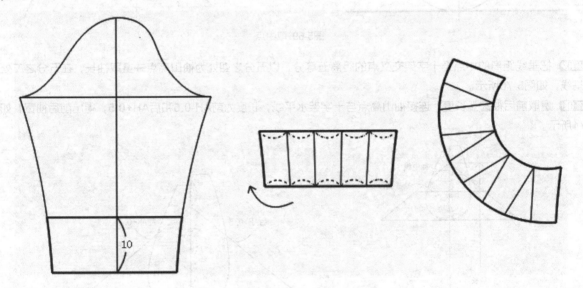

图5-74 展开、加量

5.3.2 泡泡袖

　　泡泡袖指在袖山处抽碎褶而蓬起呈泡泡状的袖型，在对泡泡袖进行结构设计时，只需对袖山做变化。如图5-75所示，富于女性化特征的女装局部样式，袖山处宽松而鼓起。

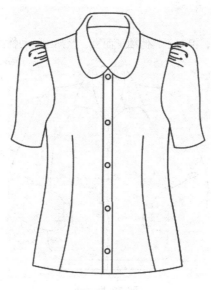

图5-75 泡泡袖

泡泡袖制版操作步骤

根据款式，将袖长定为26cm，袖口宽为28cm。

步骤01 根据喇叭袖前六步画出原型袖，从后袖缝处量取10cm定点作为叉位，从袖中线往前袖缝量取2cm画褶量，如图5-76所示，褶量=袖口总长度—袖口大。

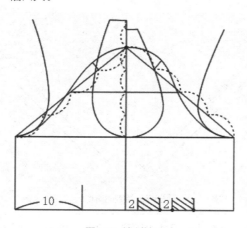

图5-76 绘制袖口

步骤02 如图5-77所示，沿袖中线剪开至袖肥线并向外旋转，褶量取8cm，完成后画顺弧线。

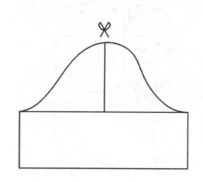 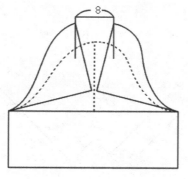 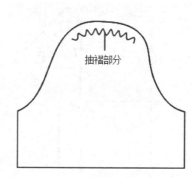

图5-77 展开

5.3.3 插肩袖

插肩袖，指袖子的裁片与肩膀相连，相对于其他袖子而言，该袖型运动性能较高，穿着方便，如图5-78所示。

图5-78 插肩袖

插肩袖制版操作步骤

根据款式，将袖长设为**54cm**，袖口**25cm**，袖克夫**3cm**，胸围**98cm**。

步骤01 如图5-79所示，绘制袖中线，即袖长，作肩点的垂线形成直角，两直角边长度为10cm，连接两直角边末端，取连接线中点，作肩点与连接线中点的延长线。

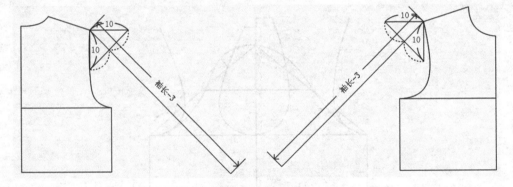

图5-79 绘制袖中线

步骤02 如图5-80所示，绘制袖肥线，从前肩点沿袖中线量取袖山高13.5cm，作袖山高点的垂线，B/5-1作为前袖肥宽，从后肩点沿袖中线量取袖山高13.5cm，作袖山高点的垂线，以B/5作为后袖肥宽。

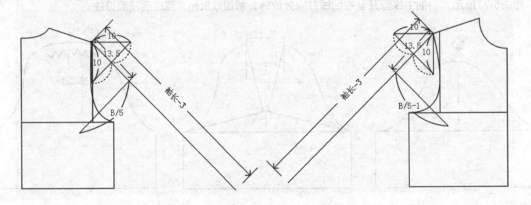

图5-80 绘制袖肥线

步骤03 如图5-81所示，绘制前袖窿弧线，将胸宽线三等分，在前领圈线上4cm位置定点，过胸宽线三分之一处连线至前袖肥宽线末端；绘制后袖窿弧线，将背宽线三等分，在后领圈线上3cm位置定点，过背宽线三分之一处连线至后袖肥宽线末端。

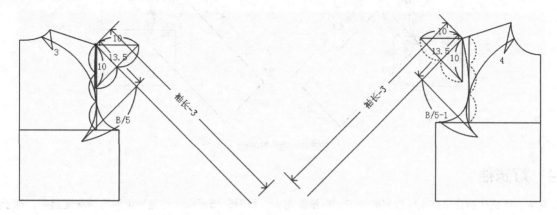

图5-81 绘制袖窿弧线

步骤04 在绘制袖笼弧线过程中，要注意两弧线末端长度应一致，如图5-82所示。

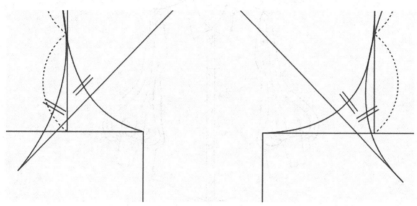

图5-82 保持线段长度一致

步骤05 绘制袖片外部轮廓线，如图5-83所示，作前后袖肥宽线的垂线，将袖中缝与该垂线连接，形成袖缝线与袖口线，画顺袖中弧线。

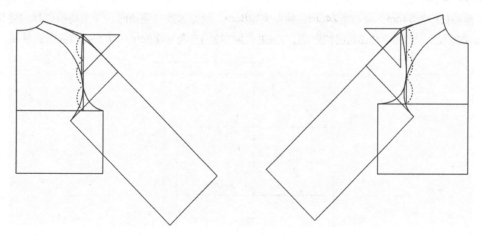

图5-83 绘制袖片外部轮廓线

步骤06 加粗轮廓线，绘制袖克夫，插肩袖制版完成。

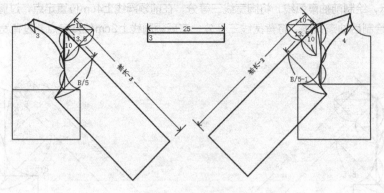

图5-84 插肩袖制版

5.3.4 灯笼袖

灯笼袖，指整体袖管呈灯笼状鼓起的袖子，蓬松而宽大，如图5-85所示。灯笼袖由泡泡袖演变而来，袖子可长可短。

图5-85 灯笼袖

灯笼袖制版操作步骤

根据款式将袖长设为54cm，袖口宽24cm，袖克夫宽8cm。绘制这款灯笼袖时，袖山与袖口都需展开放量。

步骤01 如图5-86所示，按SL/2+2.5画出袖肘线，将袖肘线往袖山方向平移8cm，作为袖口放量的基线。

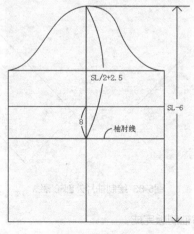

图5-86 绘制袖肘线

步骤 02 按照泡泡袖制版绘制出袖山，放松量为8cm。提取袖口需要放量部分，将其十等分，以8cm线与袖缝线相交点为中心向两侧旋转，每两等份间加入放松量3cm，如图5-87所示。

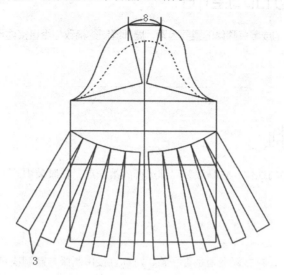

图5-87 提取袖口、加入放松量

步骤 03 如图5-88所示，连顺袖山弧线、袖缝线及袖口线，袖口放量后的袖缝线长度应与放量前袖口线长度保持一致，袖口线中部适当往袖山方向上提，缩短袖中线。

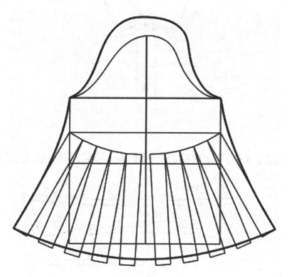

图5-88 连顺外部轮廓线

步骤 04 如图5-89所示，绘制袖克夫。袖克夫上围线往两侧偏移1cm，使袖克夫形成倒梯形形状，更加贴合于手臂。

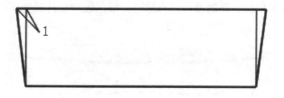

图5-89 袖克夫

Chapter 6 服装局部缝制

服装局部是构成服装整体的重要因素，局部缝制的精致与否直接体现出服装的价值。

6.1 衣领的缝制

衣领在服装设计中占有重要的地位，它是服装局部造型的第一点，在服装中处于醒目的位置。衣领的构成因素主要有领座与翻领。

6.1.1 衬衫领

男士衬衫通常搭配西装穿着，衬衫领造型是否平整、对称直接由制版与缝制决定，所以缝制时需对翻领领角长度、领座弯势多加注意。

衬衫领缝制步骤

步骤01 裁片，先将纸样放于面料上，在面料上根据纸样画出净样线后对领片四周放缝1cm，如图6-1所示。

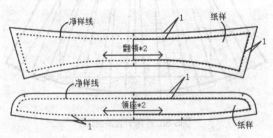

图6-1 裁剪领片

步骤02 粘衬（翻领），裁剪好裁片后，需对裁片进行粘衬，根据领片裁片裁剪出衬样，然后将衬样用熨斗熨烫至领片上，如图6-2所示。

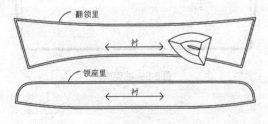

图6-2 粘衬

步骤03 机缝领面，将领面正面与正面相对重叠，沿净样线机缝，缝好后在距离机缝线0.2~0.3cm距离处剪去领角的缝份，如图6-3所示。

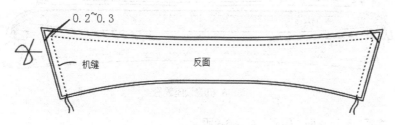

图6-3 机缝领面

步骤04 熨烫领面，将领面翻至正面，沿领片边缘熨烫，熨烫时注意领面里要里缩0.1cm，如图6-4所示。

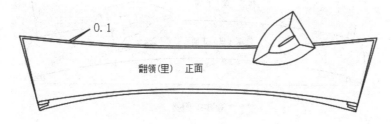

图6-4 熨烫领面

步骤05 机缝领面装饰线，如图6-5所示，根据款式要求确定装饰线宽度后开始机缝。

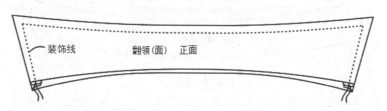

图6-5 机缝装饰线

步骤06 翻折领座，沿净样线折转领座的接领线，如图6-6所示。

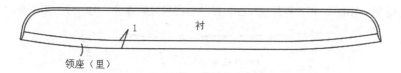

图6-6 翻折领座

步骤07 缝合领座与翻领，折好领座缝份后，将翻领夹放在领座的面和里中间，如图6-7所示。

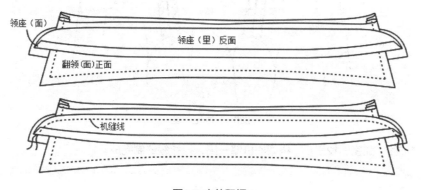

图6-7 安放翻领

步骤08 沿领座净样线将领座与翻领机缝到一起，如图6-8所示。

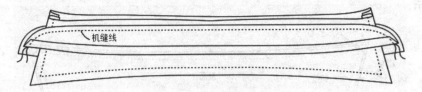

图6-8 机缝领座缝份

步骤09 熨烫领整体，将领座翻至正面，熨烫，如图6-9所示。

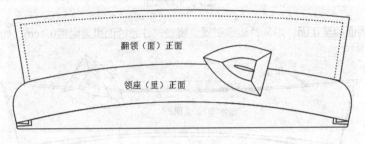

图6-9 熨烫

步骤10 缝合领子与衣身，将领座面与衣片正面相对叠合，机缝，如图6-10所示。

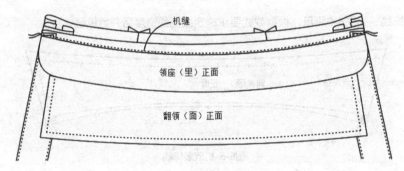

图6-10 机缝衣身与领子

步骤11 缝合领座，如图6-11所示，将衣身翻至反面，使领座覆盖其他缝份，用疏缝固定领座。

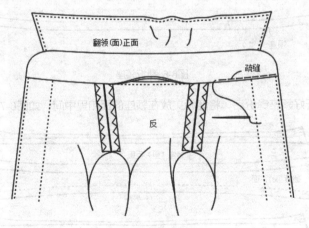

图6-11 固定领座

步骤12 机缝领座装饰线，如图6-12所示，绕领座机缝一周，衬衫领缝制完成。

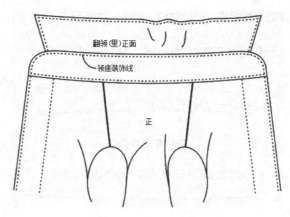

图6-12 机缝领座装饰线

6.1.2 平驳领

平驳领属于翻领类，它是服装中技术性最强的一种领型。

图6-13 平驳领

平驳领缝制步骤

步骤 01 裁剪领面和领里，如图6-14所示，因领面需要少许松量，所以领里缝份比领面少0.2cm。

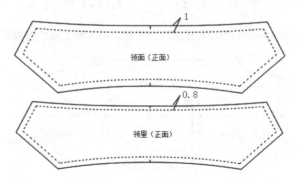

图6-14 领面和领里

步骤 02 领片烫衬，对领面与领里烫衬，防止在制作过程中拉扯变形，如图6-15所示。

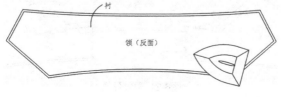

图6-15 烫衬

步骤03 领腰烫衬，在领里的领腰部分重复烫上一片衬料，如图6-16所示。

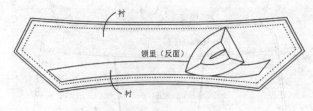

图6-16 领腰烫衬

步骤04 机缝领腰，如图6-17所示，在领腰重复烫衬部分隔0.1cm机缝两道线，固定衬料和领片。

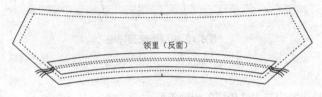

图6-17 机缝领腰

步骤05 衣片烫衬，在衣片的下片部分烫衬，如图6-18所示。

步骤06 挂面烫衬，将挂面整体烫衬，如图6-19所示。

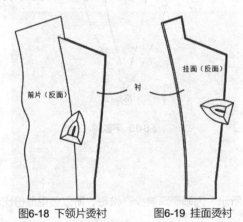

图6-18 下领片烫衬　　　　图6-19 挂面烫衬

步骤07 缝合领面与挂面，如图6-20所示，领面与挂面正面相对，贴边与上领片的领围处机缝到领止点。

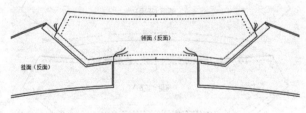

图6-20 机缝

步骤08 烫分开缝，在有弧度的地方打剪刀口，用熨斗将缝份烫开，如图6-21所示。

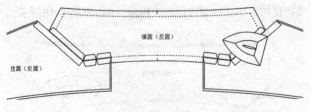

图6-21 烫分开缝

步骤⑨ 缝合衣身与领里，衣片与领里正面与正面相对，同样机缝至领止点，如图6-22所示。

图6-22 机缝衣身与领里

步骤⑩ 烫分开缝，如图6-23所示，将缝份打剪刀口并用熨斗烫分开缝。

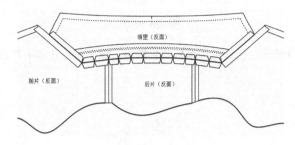

图6-23 烫分开缝

步骤⑪ 固定领里与领面，为避免缝合时出现误差，将领面与领里正面相对，如图6-24所示，先使用手缝针固定领里与领面。

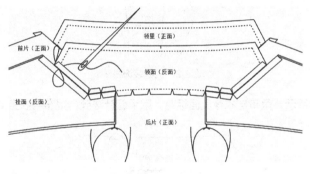

图6-24 固定

步骤⑫ 缝合领面与领里，如图6-25所示，固定好领面与领里后开始缝合，沿缝份机缝，缝至驳口止点时在离缝份0.2~0.3cm的地方机缝。

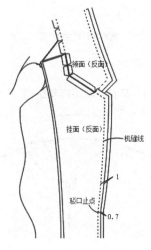

图6-25 缝合领面领里

步骤13 熨烫和固定，如图6-26所示，整理缝份后，剪去0.3~0.5cm的缝份，将领片翻至正面进行熨烫，注意熨烫时领里及下领片往内缩0.2cm，熨烫完成后用缩缝固定挂面肩线和衣片肩线。

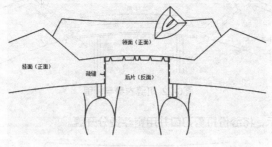

图6-26 熨烫

步骤14 机缝装饰线，如图6-27所示，在领片边缘机缝装饰线，缝至驳口止点时将线剪断，并将挂面部分往里缩0.2cm后继续机缝。

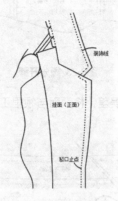

图6-27 机缝装饰线

步骤15 缝合里布，如图6-28所示，里布与衣身反面相对，用手缝针法缝合里布与衣身。

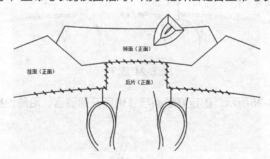

图6-28 缝合里布

6.1.3　立领

立领（图6-29）是指只有底领，没有翻领，呈直立状态围绕颈部一周或大半周的领型。

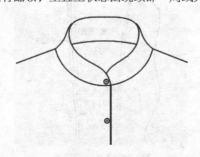

图6-29 立领

立领缝制步骤

步骤01 裁剪领片，如图6-30所示，按纸样裁剪领面与领里并放缝1cm，烫上衬样。

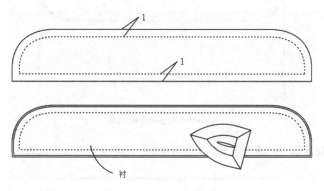

图6-30 裁剪和烫衬

步骤02 折叠领里缝份，如图6-31所示，将领里的领口弧线缝份向上翻折。

图6-31 折叠缝份

步骤03 机缝领片，如图6-32所示，翻折后沿领外围机缝一周。

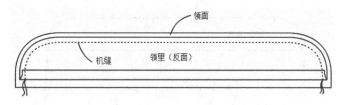

图6-32 机缝领片

步骤04 熨烫缝份，如图6-33所示，将领片四周缝份往里熨烫。

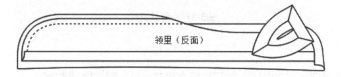

图6-33 熨烫缝份

步骤05 翻转领片，如图6-34所示，整理好缝份后将领子翻至正面。

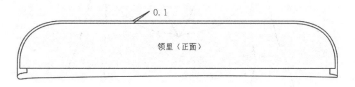

图6-34 翻转领片

步骤06 缝合领片与衣身，如图6-35所示，领片与衣身正面相对，缝合领面与衣身并打剪刀口。

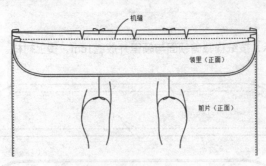

图6-35 缝合领片和衣身

步骤07 固定领里，如图6-36所示，将缝份全部翻至领片中间，用手缝针法固定领里。

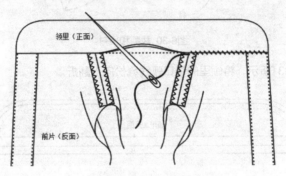

图6-36 固定领里

步骤08 机缝装饰线，如图6-37所示，沿领片机缝一周。

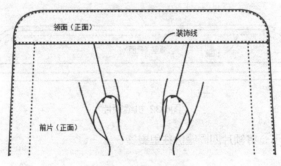

图6-37 机缝装饰线

6.1.4 海军领

海军领造型简单，呈披肩型，制作时保证领片服帖于衣身即可，如图6-38所示。

图6-38 海军领

海军领缝制步骤

步骤01 裁剪裁片，如图6-39所示，裁剪左右领片各一片，并对后中缝份锁边。

步骤02 机缝和熨烫，如图6-40所示，机缝领片后中线，并用熨斗将缝份烫开。

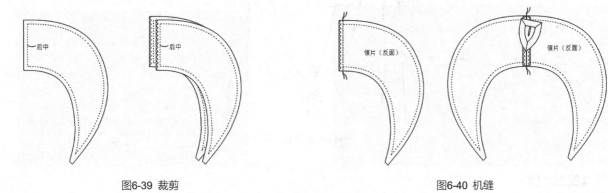

图6-39 裁剪　　　　　　　　　　　　　　　图6-40 机缝

步骤03 机缝领外围弧线，如图6-41所示，对领片外围缝份进行卷边并机缝。

步骤04 缝合贴边、领片和衣身，如图6-42所示，将领片放在贴边和衣身中间开始机缝。

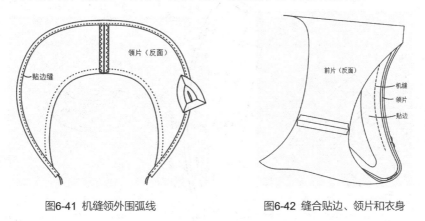

图6-41 机缝领外围弧线　　　　　图6-42 缝合贴边、领片和衣身

步骤05 熨烫整理，如图6-43所示，将贴边翻至衣身里面，熨烫整理使其平整，海军领缝制完成。

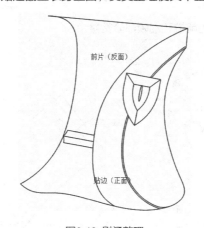

图6-43 熨烫整理

6.1.5　青果领

青果领（图6-44）又称连衣翻驳领，是驳头及领面与衣身相连的一类领子，是翻驳领的一种变形，领面形似青果形状的领型。

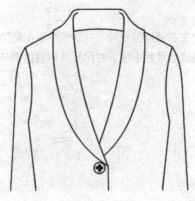

图6-44 青果领

青果领缝制步骤

步骤01 裁剪裁片，如图6-45所示，裁剪领里、领面和后领贴边。

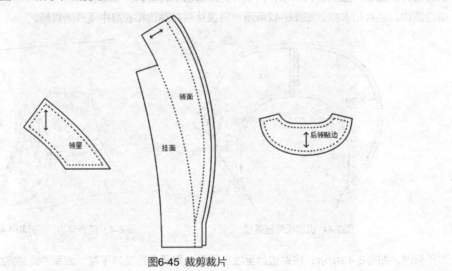

图6-45 裁剪裁片

步骤02 烫衬，如图6-46所示，在衣身的前端和翻领部分烫衬。

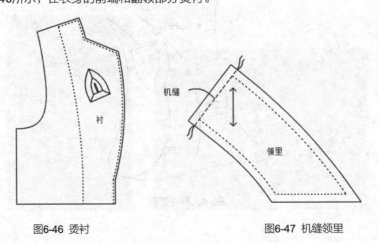

图6-46 烫衬 　　　　　　　　图6-47 机缝领里

步骤03 机缝领里，如图6-47所示，缝合后领中线。

步骤04 熨烫和粘衬，如图6-48所示，将后领中线缝份烫开后烫衬。

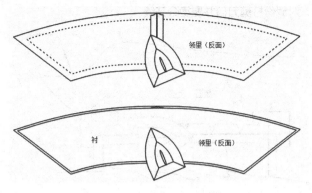

图6-48 熨烫和粘衬

步骤05 缝合领里与衣身，如图6-49所示，将领里和衣身正面与正面相对，沿缝份缝合一圈。

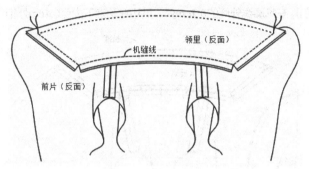

图6-49 缝合领里与衣身

步骤06 烫分开缝，如图6-50所示，在领圈弧线的缝份上打剪刀口，并用熨斗烫分开缝。

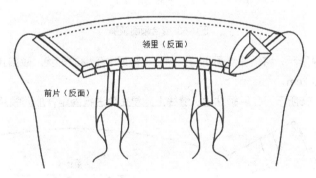

图6-50 烫分开缝

步骤07 机缝后领贴边，如图6-51所示，在领面的内领角处粘衬加固，再将领面与后领贴边正面相对机缝。

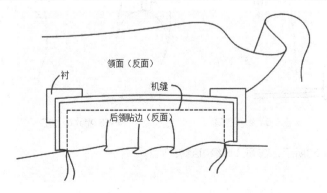

图6-51 机缝后领贴边

步骤 08 熨烫，如图6-52所示，对缝份打剪刀口并熨烫分开缝。

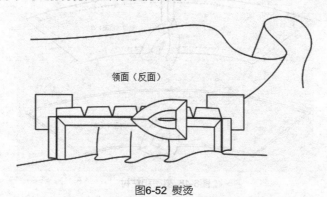

图6-52 熨烫

步骤 09 缝合领面与领里，如图6-53所示，领面与领里正面相对，领面在轮廓线外侧0.1cm、与领里在轮廓线内侧0.1cm处相叠，翻折线以下则相反，前片在轮廓线外侧的0.1cm处、贴边在轮廓下内侧0.1cm处相叠，然后再机缝固定。

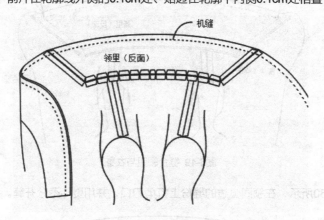

图6-53 缝合领面领里

步骤 10 熨烫整理，如图6-54所示，将领子翻回正面，用熨斗整理出正确的形状，驳口止点以上将领里内缩0.2cm，驳口止点以下将挂面往里缩0.2cm。

步骤 11 星止缝固定，如图6-55所示，在后领贴边机缝线上用星止缝进行固定，加固领片。

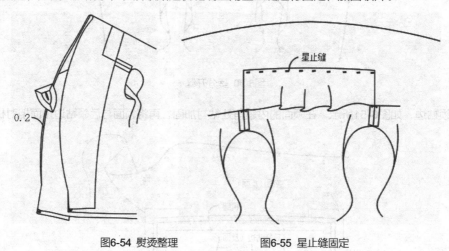

图6-54 熨烫整理　　　　　图6-55 星止缝固定

步骤 12 机缝装饰线，如图6-56所示，在领片边缘机缝装饰线。

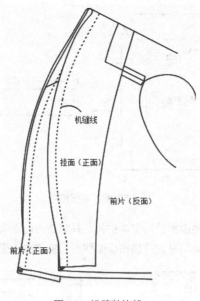

图6-56 机缝装饰线

6.2 口袋的缝制

口袋是服装中必不可少的细节装饰，主要分为贴袋、插袋和挖袋三大类。贴袋包括方角贴袋、圆角贴袋、立体贴袋等；插袋包括直插袋、斜插袋、缝内袋等；挖袋包括双嵌线挖袋、单嵌线挖袋等。

6.2.1 贴袋

贴袋是将布料裁剪成一定形状后直接缝制在服装上的一种口袋。

1. 方角贴袋

如图6-57所示，袋角为方形的称方角贴袋。

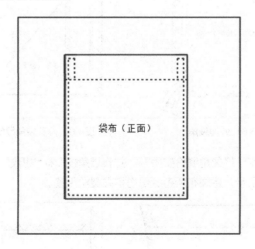

图6-57 方角贴袋

方角贴袋缝制步骤

步骤01 裁剪袋布和衬，如图6-58所示，裁剪口袋布和袋口所需衬样。

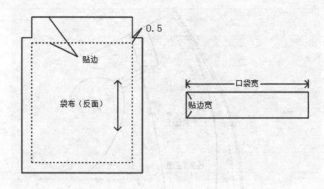

图6-58 裁剪袋布和衬

步骤02 粘衬，如图6-59所示，在袋布贴边部分用熨斗粘衬，并对袋布边缘锁边。

步骤03 缝制袋口，如图6-60所示，将袋口贴边往袋布反面翻折，机缝边缘固定。

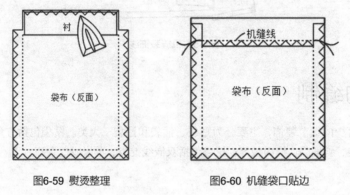

图6-59 熨烫整理   图6-60 机缝袋口贴边

步骤04 处理袋角，如图6-61所示，将袋角往内折并用熨斗烫出折痕。

步骤05 机缝袋角，如图6-62所示，将口袋布沿对角线对折，沿熨斗烫出的折痕机缝并剪掉多余缝份。

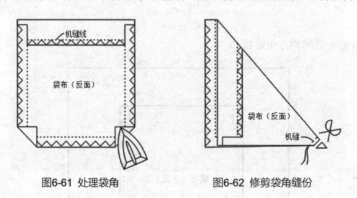

图6-61 处理袋角   图6-62 修剪袋角缝份

步骤06 熨烫，如图6-63所示，用熨斗将袋角缝份熨烫开，并将袋角按净样线折好。

步骤07 折叠袋布缝份，如图6-64所示，将袋布所有缝份内扣并熨烫平整。

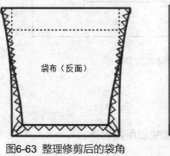

图6-63 整理修剪后的袋角   图6-64 折叠缝份

步骤 08 机缝口袋，如图6-65所示，将袋布放在衣身定位位置，疏缝固定，再机缝。

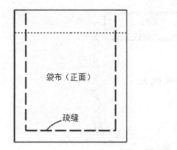

图6-65 机缝口袋

2. 圆角贴袋

如图6-66所示，袋角呈圆形状的称为圆角贴袋。

图6-66 圆角贴袋

圆角贴袋缝制步骤

步骤 01 裁剪袋布和衬，如图6-67所示，袋口留3cm贴边，其余三边放缝0.7cm，裁剪袋布，根据贴边大小裁剪衬样。

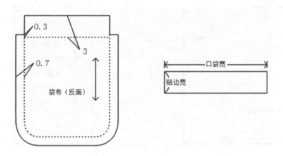

图6-67 裁剪裁片

步骤 02 烫衬，如图6-68所示，用熨斗将衬样烫至贴边上。

步骤 03 机缝袋口，如图6-69所示，将贴边沿净样线往袋布反面翻折，机缝袋口。

图6-68 烫衬　　　　　图6-69 机缝袋口

步骤04 缩缝袋角圆弧部分，如图6-70所示，将缝纫机针距调至最大，对袋角圆弧部分进行缩缝。

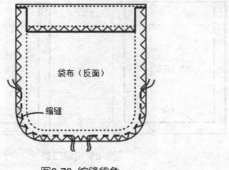

图6-70 缩缝袋角

步骤05 折出袋型，如图6-71所示，将袋布缝份网反面翻折并熨烫平整，熨烫袋角圆弧处时用同样形状的厚纸板辅助熨烫。

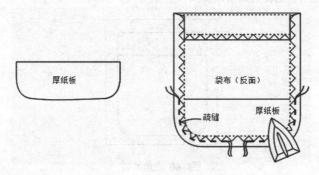

图6-71 折叠边缘缝份并熨烫

步骤06 粘衬，如图6-72所示，为加强衣身支撑力，需在衣身与口袋衔接处粘衬。

步骤07 疏缝固定口袋，如图6-73所示，用疏缝将口袋固定于衣身上。

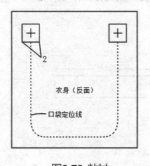

图6-72 粘衬

图6-73 疏缝固定口袋

步骤08 机缝口袋，如图6-74所示，沿口袋边缘折痕线机缝，拆掉疏缝线，最终效果如图6-75所示。

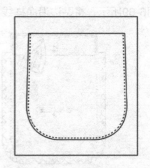

图6-74 机缝口袋

图6-75 最终效果

3. 有里布圆角贴袋

如图6-76所示，与圆角贴袋造型一样，但内部多一层里布。

图6-76 有里布圆角贴袋

有里布圆角贴袋缝制步骤

步骤01 裁剪口袋面布和衬样，如图6-77所示，袋口留3cm贴边，周围0.7cm缝份，衬样根据贴边大小裁剪，呈倒梯形。

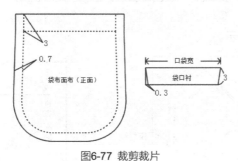

图6-77 裁剪裁片

步骤02 烫衬，如图6-78所示，在袋布面布贴边部分烫衬。

步骤03 裁剪袋布里布，如图6-79所示，裁剪口袋布里布，袋口位置尺寸比净样小1cm。

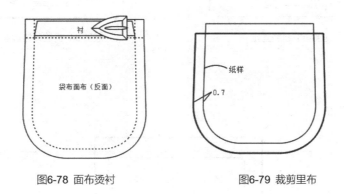

图6-78 面布烫衬　　　　　　　　　图6-79 裁剪里布

步骤04 缝合口袋面布与里布袋口处，如图6-80所示，将口袋面布与里布正面相对后机缝，缝份倒向里布。

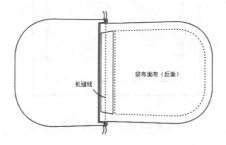

图6-80 缝合面布与里布袋口处

步骤05 机缝口袋面布与里布，如图6-81所示，将口袋面布与里布正面相对，缝合另外三边，留4~5cm位置不缝，用作翻口。

步骤06 用手缝针法缝合翻口，如图6-82所示，将口袋从翻口处翻至正面，用手缝针法缝合翻口。

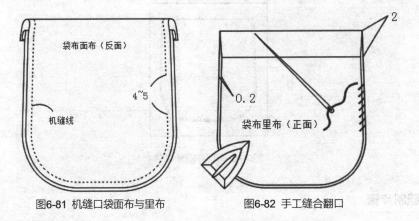

图6-81 机缝口袋面布与里布　　　　　　　图6-82 手工缝合翻口

步骤07 机缝口袋，如图6-83所示，用疏缝将口袋固定在衣身上，固定时整片口袋布往衣身定位线里缩0.1cm，预留口袋松量。

步骤08 机缝口袋边缘，如图6-84所示。

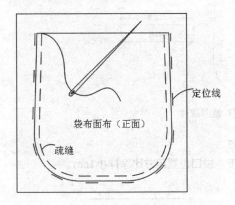
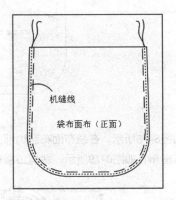

图6-83 疏缝固定　　　　　　　　　　　　图6-84 机缝口袋边缘

4. 有里布方角贴袋

如图6-85所示，内有里布。

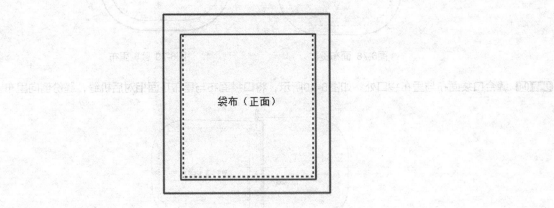

图6-85 有里布方角贴袋

有里布方角贴袋缝制步骤

步骤01 裁剪口袋面布和贴边衬，如图6-86所示，裁剪口袋面布，根据贴边大小裁剪衬样。

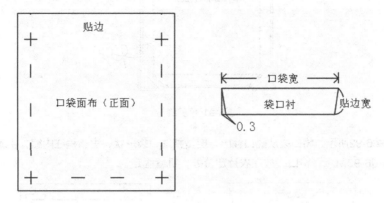

图6-86 裁剪裁片

步骤02 烫衬，如图6-87所示，口袋面布朝上，将贴边衬样烫至袋布贴边上。

步骤03 裁剪口袋里布，如图6-88所示，根据纸样裁剪出口袋里布。

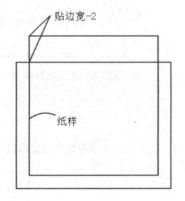

图6-87 贴边烫衬   图6-88 星止缝固定

步骤04 缝合口袋面布与里布，如图6-89所示，口袋面布与里布正面相对，距离边缘1cm处机缝。

步骤05 缝合口袋面布与里布，如图6-90所示，将贴边往里布方向翻折，口袋面布朝上，机缝口袋周围，留4~5cm做翻口。

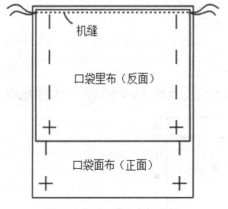
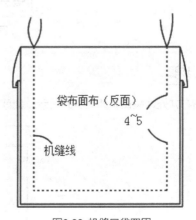

图6-89 机缝口袋面布与里布   图6-90 机缝口袋四周

步骤06 修剪缝份，如图6-91所示，修剪四个袋角多余的缝份。

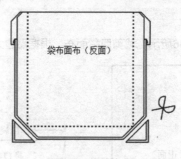

图6-91 修剪缝份

步骤07 整理口袋，如图6-92所示，将口袋从翻口翻出，熨烫整理口袋形状，里布稍往内缩，手缝针法缝合翻口处。

步骤08 缝合口袋，如图6-93所示，将口袋放在衣片定位处，机缝固定。

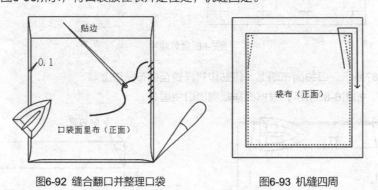

图6-92 缝合翻口并整理口袋   图6-93 机缝四周

5. 立体贴袋

如图6-94所示，在口袋侧面加布条使口袋容量更大。

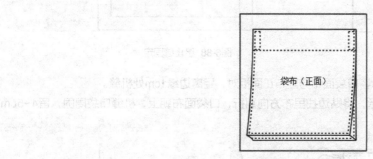

图6-94 立体口袋

立体贴袋缝制步骤

步骤01 裁剪袋布并处理袋口，如图6-95所示，裁剪口袋后将口袋贴边往袋布反面翻折，熨烫平整后机缝。

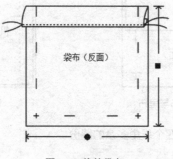

图6-95 裁剪袋布

步骤02 裁剪布条，如图6-96所示，根据口袋尺寸裁剪布条，宽度可根据款式决定。

步骤03 缝合袋布与布条，如图6-97所示，将布条与口袋正面相对机缝固定，机缝时注意在袋角拐角处剪刀口。

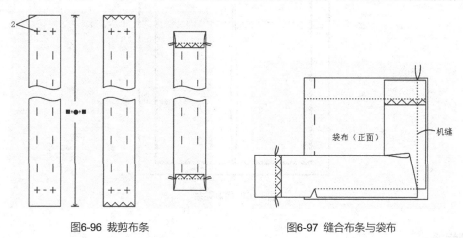

图6-96 裁剪布条　　　　　　　图6-97 缝合布条与袋布

步骤04 翻折布条，如图6-98所示，将布条折向袋布反面。

步骤05 机缝，如图6-99所示，将袋布正面朝上，沿边缘机缝。

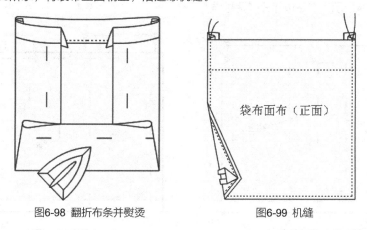

图6-98 翻折布条并熨烫　　　　　图6-99 机缝

步骤06 缝合口袋，如图6-100所示，将口袋放置在衣身定位位置，折叠布条缝份，沿布条边缘机缝固定。

步骤07 固定袋口，如图6-101所示，将袋口重叠部分机缝固定，也可用纽扣等配件。

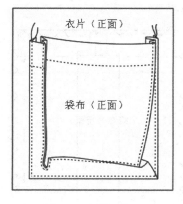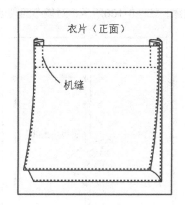

图6-100 机缝口袋　　　　　　图6-101 固定袋口

6. 褶裥贴袋

如图6-102所示，口袋有褶裥造型的称为褶裥贴袋。

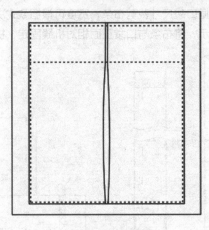

图6-102 褶裥贴袋

褶裥贴袋缝制步骤

步骤01 裁剪袋布，如图6-103所示，裁剪袋布，在有褶量的地方只留缝份，防止布料过厚而不服帖。

步骤02 烫衬，如图6-104所示，在贴边部分熨烫衬样。

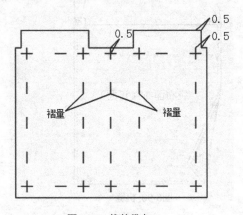

图6-103 裁剪袋布

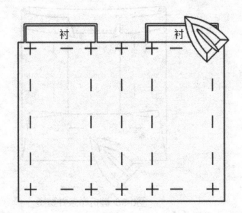

图6-104 烫衬

步骤03 折叠褶量，如图6-105所示，沿记号线折好褶量并熨烫平整。

步骤04 处理袋布边缘，如图6-106所示，对袋布四周进行锁边。

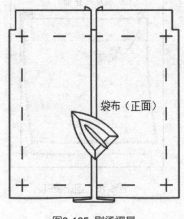

图6-105 熨烫褶量

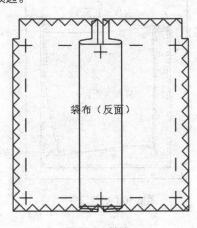

图6-106 锁边

步骤05 机缝袋口，如图6-107所示，将贴边往袋布反面翻折，机缝边缘和折痕处。

步骤06 整理出口袋形状，如图6-108所示，将口袋所有缝份往反面翻折。

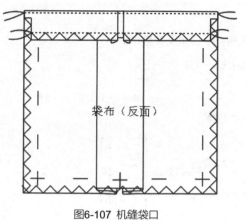

图6-107 机缝袋口

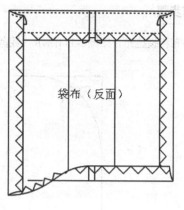

图6-108 翻折缝份

步骤07 固定口袋，如图6-109所示，将口袋放置在衣身定位位置，机缝三边固定。

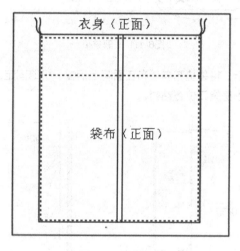

图6-109 固定口袋

6.2.2 侧缝插袋

如图6-110所示，处于裤子侧缝处的口袋称侧缝插袋，也可以是衣服侧面。

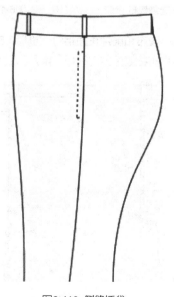

图6-110 侧缝插袋

侧缝插袋缝制步骤

步骤01 裁剪袋布和袋垫布，如图6-111所示，裁剪大袋布、小袋布及袋垫布。

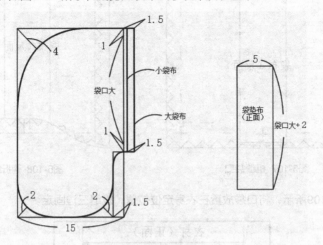

图6-111 裁剪袋布

步骤02 固定袋垫布，如图6-112所示，将袋垫布与袋布正面朝上相叠，机缝固定。

步骤03 烫衬，如图6-113所示，在衣身袋口位置粘衬。

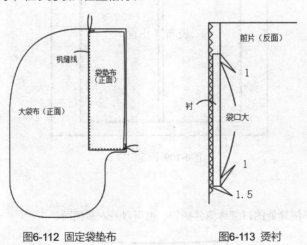

图6-112 固定袋垫布   图6-113 烫衬

步骤04 固定小袋布，如图6-114所示，将小袋布和前片正面相对，机缝0.5cm。

步骤05 整理缝份，如图6-115所示，将小袋布往缝份方向折好，前片与后片正面相对机缝，袋口位置不缝。

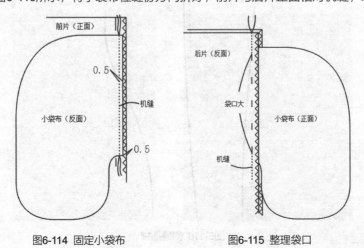

图6-114 固定小袋布   图6-115 整理袋口

步骤 06 熨烫，如图6-116所示，将小袋布往前片方向翻折，从正面机缝装饰线。

步骤 07 固定大袋布，如图6-117所示，将大袋布和小袋布正面相对，机缝大袋布袋口处。

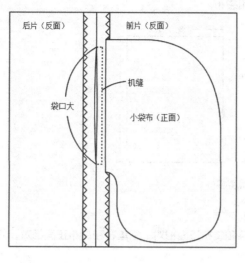

图6-116 机缝装饰线　　　　　　　　　　　　　图6-117 机缝大袋布

步骤 08 整理袋布，如图6-118所示，前片与后片正面相对，大袋布与小袋布正面相对。

步骤 09 缝合袋布，如图6-119所示。

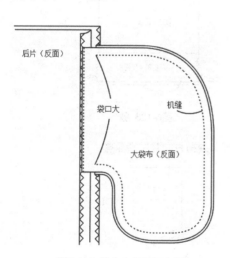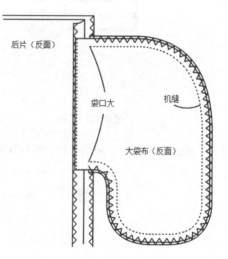

图6-118 缝合大袋布与小袋布　　　　　　　　　图6-119 锁边

6.2.3　双嵌线袋

如图6-120所示。

图6-120 双嵌线口袋

双嵌线口袋缝制步骤

步骤01 裁剪口袋布，如图6-121所示，裁剪嵌条、袋垫布和袋布。

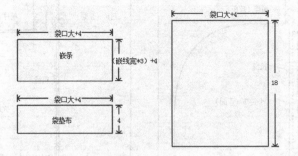

图6-121 裁剪袋布

步骤02 烫衬，如图6-122所示，在嵌条反面烫上同样大小的衬样。

步骤03 缝合嵌条、袋布与袋垫布，如图6-123所示，将嵌条和袋布正面相对，袋垫布和袋布正面相对，分别机缝。

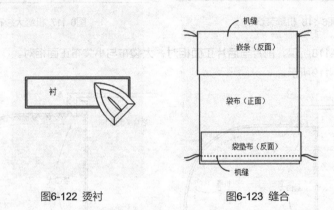

图6-122 烫衬　　　　　　　　图6-123 缝合

步骤04 整理缝份，如图6-124所示，将嵌条和袋垫布缝份倒向袋布方向并熨烫平整。

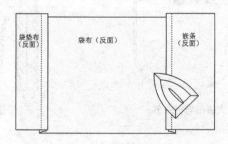

图6-124 整理缝份

步骤05 固定嵌条，如图6-125所示，将嵌条与衣片正面相对并对齐，机缝出袋口形状。

步骤06 剪开嵌条，如图6-126所示，在袋口中间剪Y字形剪口。

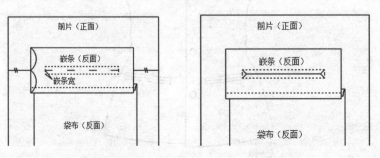

图6-125 固定嵌条　　　　　　　　图6-126 缝合

步骤07 翻嵌条，如图6-127所示，将嵌条和袋布从袋口剪口处翻至衣片反面。

步骤08 熨烫整理，如图6-128所示，整理好嵌条、袋布及袋口形状，熨烫平整。

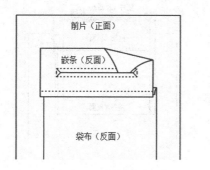

图6-127 翻转嵌条　　　　　图6-128 熨烫整理

步骤09 熨烫缝份，如图6-129所示，熨烫开嵌条和衣身的缝份。

步骤10 整理嵌条，如图6-130所示，将嵌条对称折叠，整理好后熨烫平整。

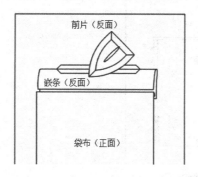 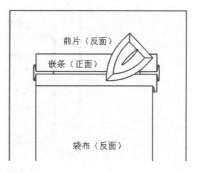

图6-129 熨烫缝份　　　　　图6-130 整理嵌条

步骤11 固定嵌条，如图6-131所示，用疏缝在袋口四周固定嵌条。

步骤12 机缝衣身缝份和嵌条，如图6-132所示，将衣身缝份与嵌条缝合。

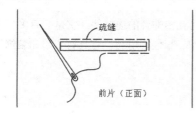 

图6-131 固定嵌条　　　　　图6-132 整理嵌条

步骤13 固定三角，如图6-133所示，机缝固定袋口两侧三角形缝份。

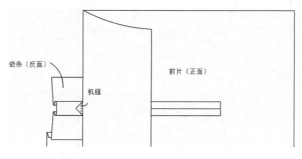

图6-133 固定三角

步骤14 固定袋布，如图6-134所示，将袋垫布和嵌条上端对齐，用疏缝固定袋布两边。

步骤15 缝合嵌条和袋垫布，如图6-135所示，机缝嵌条与袋垫布。

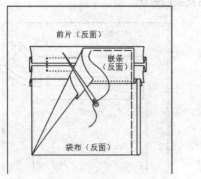

图6-134 固定袋布

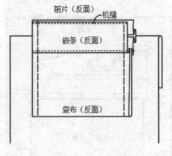

图6-135 整理嵌条

步骤16 机缝口袋，如图6-136所示，机缝口袋周围，并对边缘进行锁边。

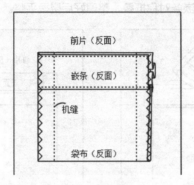

图6-136 机缝和锁边

6.3 拉链的缝制

拉链又称拉锁，是一个可重复拉合、拉开的两条柔性的可互相啮合的连接件。它是一百多年来世界上最重要的发明之一，使用领域涉及到世界各国的男女老少的服装、鞋帽、箱包等用品，它具有实用和装饰两大作用，已成为当今世界上重要的服装辅料。

6.3.1 隐形拉链

如图6-137所示，拉上拉链后形成一条缝的拉链称隐形拉链。

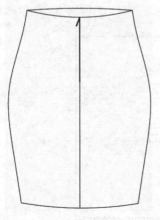

图6-137 隐形拉链效果

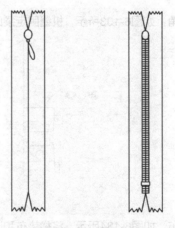

图6-138 隐形拉链正反面

隐形拉链缝制步骤

步骤01 准备一条比开口长度长2cm的隐形拉链，如图6-138所示。

步骤02 烫衬，如图6-139所示，将裁剪好的衬样烫至后片缝份处，并将左右后片正面相对，将针距调至最大，机缝至开口止点，开口止点以下则调回正常针距。

步骤03 熨烫，如图6-140所示，将缝份熨烫成分开缝。

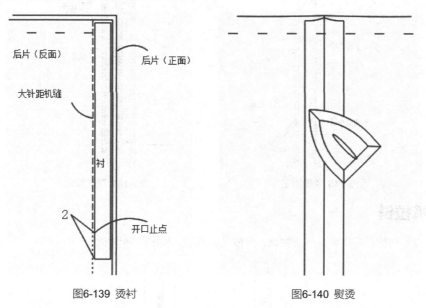

图6-139 烫衬   图6-140 熨烫

步骤04 安装拉链，如图6-141所示，将拉链中心对准开口线，在缝份上进行疏缝，然后拆掉步骤（2）中的大针距机缝线。

步骤05 缝合隐形拉链与衣片，如图6-142所示，打开拉链，使用隐形拉链压脚将拉链机缝至距离开口止点2cm位置时停止。

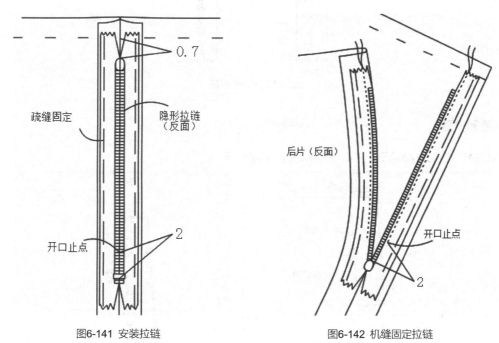

图6-141 安装拉链   图6-142 机缝固定拉链

步骤06 手缝未缝部分，如图6-143所示，拉上拉链，从缝份中拉出拉链，将开口止点以下2cm两片叠在一起手缝固定。

步骤 07 整理拉链，如图6-144所示，拉上拉链，从反面将拉链整理平整。

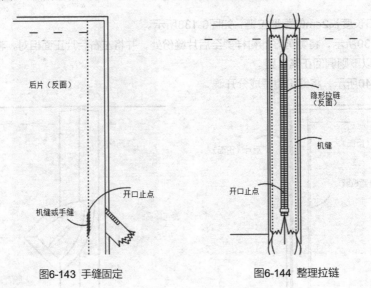

图6-143 手缝固定　　　　　　　图6-144 整理拉链

6.3.2　牛仔裤拉链

牛仔裤拉链的齿形结构通常由金属材质制成，一般是铝或铜，如图6-145所示。

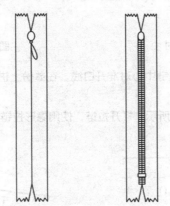

图6-145 牛仔裤拉链

牛仔裤拉链缝制步骤

步骤 01 裁剪门襟，如图6-146所示，根据纸样裁剪拉链门襟并烫衬。

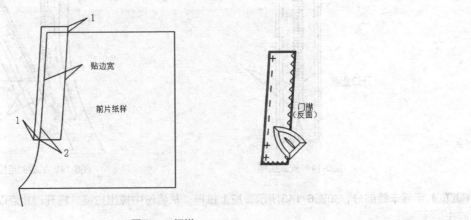

图6-146 门襟

步骤 02 裁剪里襟，如图6-147所示，裁剪里襟，宽度为门襟的2倍，在反面烫衬。

步骤 03 机缝和锁边，如图6-148所示，将里襟正面相对，机缝下端，缝好后翻至正面对边缘进行锁边。

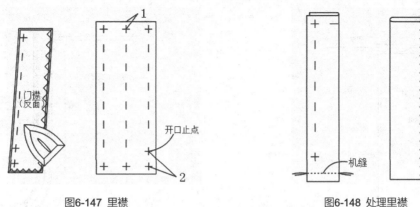

图6-147 里襟　　　　　　　　　　　　　　　　图6-148 处理里襟

步骤 04 缝合门襟与裤片，如图6-149所示，将门襟和右侧前片正面相对，机缝至开口止点。

步骤 05 缝合裤片，如图6-150所示，将左右前片正面相对，从前裤裆开始机缝至开口止点并将缝份熨烫开。

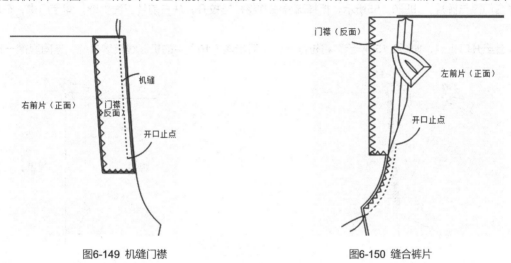

图6-149 机缝门襟　　　　　　　　　　　　　　图6-150 缝合裤片

步骤 06 安装拉链，如图6-151所示，将拉链安装在里襟上。

步骤 07 缝合里襟与裤片，如图6-152所示，将左前片缝份折叠0.2~0.3cm，与步骤（6）中的里襟缝合。

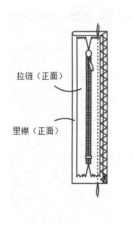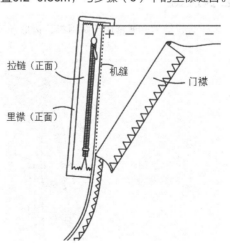

图6-151 安装拉链　　　　　　　　　　　　　　图6-152 缝合里襟与裤片

步骤08 用疏缝固定裤片，如图6-153所示，重叠左右裤片，用疏缝固定。

步骤09 缝合门襟与拉链，如图6-154所示，里襟保持不动，把拉链从原位置翻到另一边，将拉链的另一端与门襟重叠在一起，机缝固定。

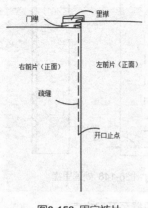

图6-153 固定裤片

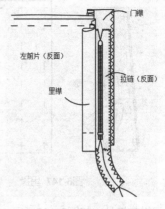

图6-154 缝合门襟与拉链

步骤10 缝合门襟与裤片，如图6-155所示，拆掉疏缝线并将拉链拉开，从右前片正面机缝，固定门襟，在距离开口4~5cm处停止。

步骤11 缝合至开口止点，如图6-156所示，将拉链闭合，沿步骤（10）中的机缝线继续机缝，连同里襟一起缝合。

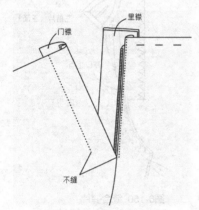

图6-155 缝合门襟与裤片

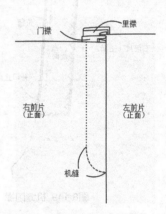

图6-156 缝合至开口止点

6.3.3 上衣拉链

上衣拉链属于长拉链型，通常用于两用衫，齿形一般是由金属材质所做，牢固不易磨损，如图6-157所示。

图6-157 上衣拉链

上衣拉链缝制步骤

步骤**01** 确定拉链长度，如图6-158所示，根据衣长确定拉链长度。

步骤**02** 裁剪衣片和挂面，如图6-159所示，分别裁剪衣片和挂面。

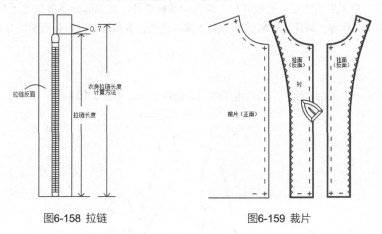

图6-158 拉链 图6-159 裁片

步骤**03** 机缝拉链，如图6-160所示，衣身与拉链正面相对，疏缝固定。

步骤**04** 缝合衣片与挂面，如图6-161所示，将挂面与衣片正面相对，拉链夹入中间，机缝前中心线。同时下摆也机缝好并修剪下摆缝份。

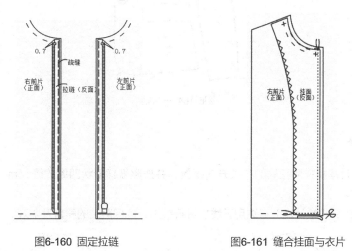

图6-160 固定拉链 图6-161 缝合挂面与衣片

步骤**05** 整理衣片与挂面，如图6-162所示，将挂面翻回正面，疏缝固定。

步骤**06** 机缝装饰线，如图6-163所示，从正面机缝装饰线，拆掉疏缝线。

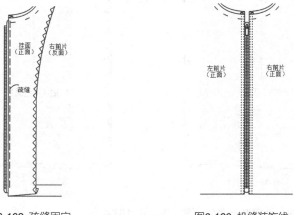

图6-162 疏缝固定 图6-163 机缝装饰线

6.4 衣袖的缝制

袖子主要是依据上肢的形状来设计，通常分为袖山、袖肘、袖肥和袖口四个部分，缝合后会形成筒状的造型，整个袖子在着装过程中，除了肩部的缝合处能够与人体亲密接触之外，其他部分多数是处于空荡的状态。在袖型设计的过程中，大致出现了一片袖、两片袖、喇叭袖、泡泡袖等种类，各种袖型应根据服装的款式合理搭配。

6.4.1 基本袖

一片袖是指只有单独一片裁片的袖子，通常用于休闲宽松的上衣，如图6-164所示。

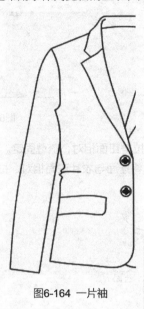

图6-164 一片袖

一片袖裁剪与缝制步骤

步骤01 裁剪袖片，将袖片净样按照正确的布纹方向摆放，并按照纸样形状四周放缝1cm后裁剪袖片，做好缝制标记，如图6-165所示。

步骤02 缝制袖片，除袖山外将袖片其他三边用三线机进行锁边，确保服装的质量及美观，如图6-166所示。

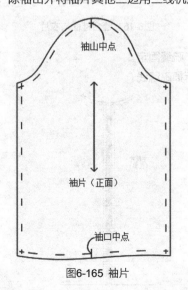

图6-165 袖片

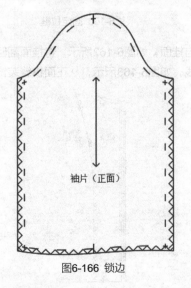

图6-166 锁边

步骤03 用平缝的缝制方法在袖山处缝制一条缩缝线，如图6-167所示。

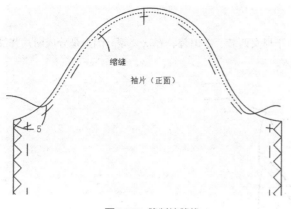

图6-167 缝制缩缝线

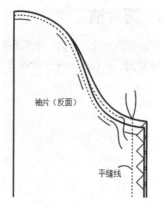

图6-168 平缝袖缝线

步骤04 袖片的正面与正面相对，在反面平缝袖缝，如图6-168所示。

步骤05 熨烫袖缝：将袖子套在专用烫袖缝的烫台上，用熨斗将袖缝烫为分开缝，如图6-169所示。

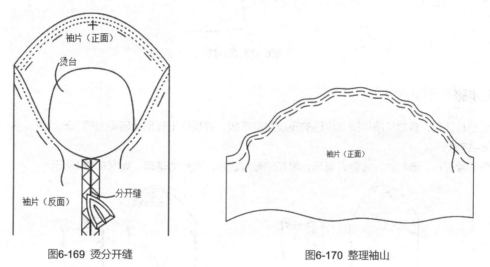

图6-169 烫分开缝

图6-170 整理袖山

步骤06 整理袖山形状，用手慢慢抽拉之前平缝的缩缝线，整理好袖山的形状，慢慢缩至可与袖子接合的尺寸，如图6-170所示。

步骤07 将袖子套在专用烫袖缝的烫台上，烫平波浪褶，使袖山自然鼓起，如图6-171所示。

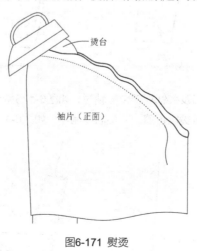

图6-171 熨烫

步骤08 袖子缝制完成（装袖在后续女装整体制作中做详细讲解）。

6.4.2 两片袖

两片袖分为大小袖两片，如图6-172所示，通常用于男女西装、中山装、春秋装等。因为是分成两片并且顺着手腕线条做成的，所以相对于一片袖来说更加贴合于人体。

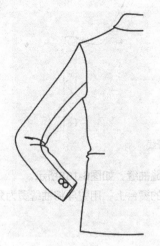

图6-172 两片袖

两片袖缝制步骤

步骤01 裁剪袖片面布，将袖片净样按照正确的布纹方向摆放，并按照纸样形状四周放缝1cm后裁剪袖片，做好缝制标记，如图6-173所示。

步骤02 裁剪袖片里布，通常两片袖会有里布，里布的裁剪通常以面布为基础，如图6-174所示。

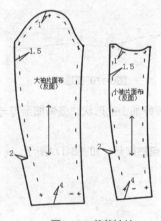

图6-173 裁剪袖片

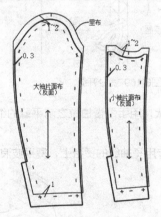

图6-174 袖片里布

步骤03 袖口粘衬，为保持形状，在袖口及装饰衩部位需粘衬，如图6-175所示。

步骤04 用熨斗沿袖片轮廓线将袖口翻折烫出折痕，方便后期制作，如图6-176所示。

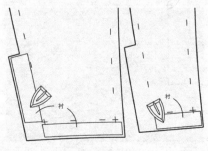

图6-175 粘衬

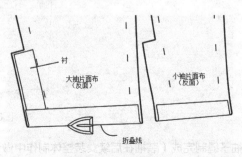

图6-176 熨烫翻折线

步骤05 缝制装饰衩：将大小袖片正面与正面相对，开始缝制装饰衩。从上往下缝制衩止点后转折至离轮廓线1.5cm处，如图6-177所示。

步骤06 如图6-178所示，将袖片剪出剪刀口。

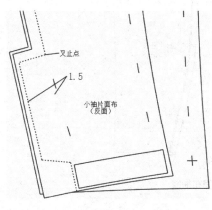

图6-177 缝制装饰衩

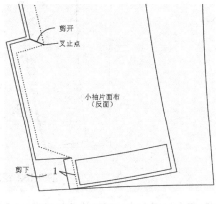

图6-178 剪刀口

步骤07 熨烫，装饰衩倒向大袖片，如图6-179所示。

步骤08 制作装饰扣眼，如图6-180所示。

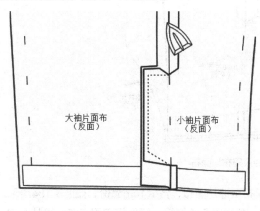

图6-179 熨烫装饰衩

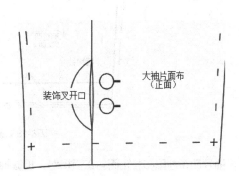

图6-180 制作装饰扣眼

步骤09 对袖山进行缩缝，如图6-181所示。

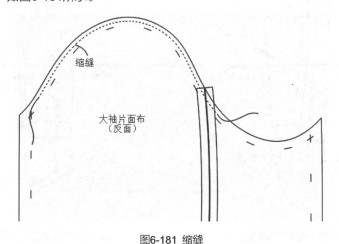

图6-181 缩缝

步骤10 缝制袖片里布，并将袖缝烫倒缝，缝份倒向大袖片，如图6-182所示。

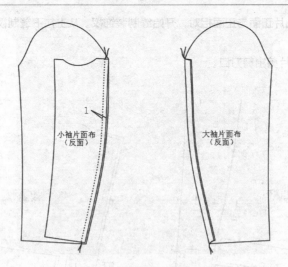

图6-182 缝制及熨烫里布袖缝

步骤11 缝合袖片面布与里布的袖口：将袖片面布与里布正面相对，对齐袖口。在距离袖口处1cm处缝线，并将缝份倒向里布，如图6-183所示。

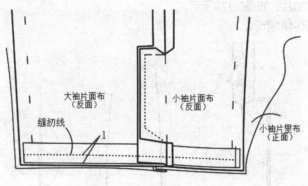

图6-183 缝合袖片里布与面布

步骤12 将袖片面布与里布各正面与正面相对，机缝袖片面布至袖片里布，各缝1cm缝份，如图6-184所示。

步骤13 处理缝份，如图6-185所示，将袖片面布烫分开缝，袖片里布烫倒缝，缝份倒向里布的大袖片方向。

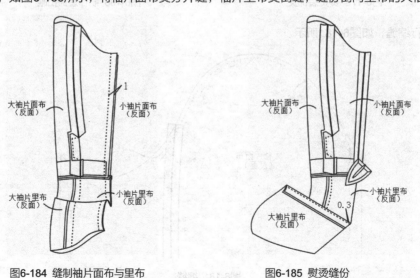

图6-184 缝制袖片面布与里布   图6-185 熨烫缝份

步骤14 缩缝袖片里布袖山，如图6-186所示，先将里布袖山的缝份向反面翻折1cm再进行缩缝。

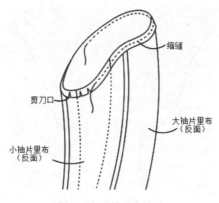

图6-186 缩缝里布袖山

步骤15 固定里布缝份，如图6-187所示，将里布与面布叠合，对准袖片面布的缝份后固定。

步骤16 翻转袖子，如图6-188所示，固定袖片里布与面布。

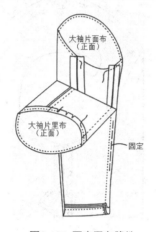

图6-187 固定里布缝份

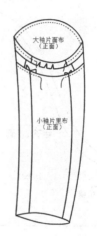

图6-188 固定袖片

6.4.3 泡泡袖

如图6-189所示，袖山充褶，呈蓬松体积感的袖子称泡泡袖。

图6-189 泡泡袖

泡泡袖缝制步骤

步骤01 裁剪袖片，如图6-190和图6-191所示，裁剪袖片，对袖山抽褶部位做好标记并进行缩缝。

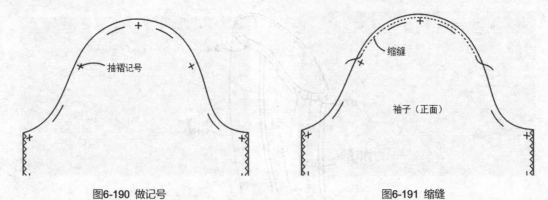

图6-190 做记号　　　　　　　　　　　图6-191 缩缝

步骤02 机缝袖缝，如图6-192所示，将袖片正面相对，机缝袖缝。

步骤03 熨烫袖缝，如图6-193所示，将袖子放置于烫袖垫上，用熨斗烫开缝份。

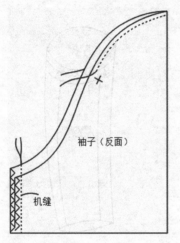

图6-192 机缝袖缝

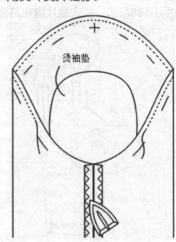

图6-193 熨烫袖缝

步骤04 袖山抽褶，如图6-194所示，按照袖山尺寸，在袖山处抽褶。

步骤05 熨烫褶子，如图6-195所示，熨烫袖山处的缝份，固定褶子。

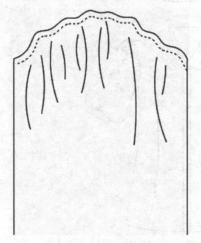

图6-194 袖山抽褶

图6-195 熨烫袖山

步骤06 装袖，如图6-196所示，将袖子塞入衣身中，使其正面相对，将标记点对齐，机缝固定。装好袖子后对缝份进行锁边。

步骤07 整理袖子，如图6-197所示，将缝份倒向袖子，整理褶皱，使其有空间感。

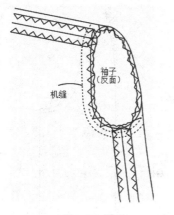

图6-196 装袖

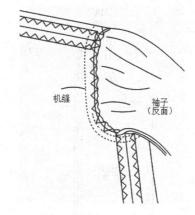

图6-197 整理袖子

6.4.4　插肩袖

如图6-198所示，肩线从领围处一直缝制袖下，称插肩缝。

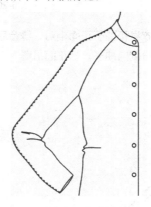

图6-198 插肩袖

插肩袖缝制步骤

步骤 01 裁剪袖片，如图6-199所示，根据纸样裁剪袖片。

步骤 02 锁边，如图6-200所示，对袖片内侧进行锁边。

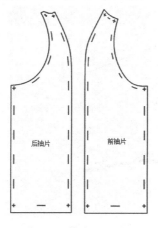

图6-199 裁片

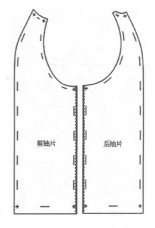

图6-200 锁边

步骤 03 缝合前后袖片，如图6-201所示，将前后袖片正面相对，缝合袖山线，再将缝份进行锁边。

步骤 04 机缝装饰线，如图6-202所示，展开袖片，将缝份倒向后片，在正面机缝装饰线。

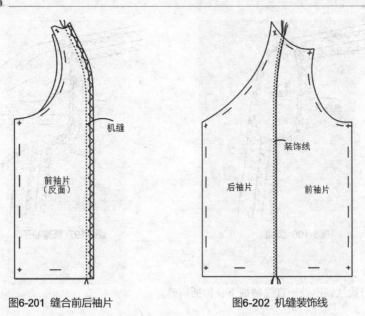

图6-201 缝合前后袖片   图6-202 机缝装饰线

步骤 05 缝合袖片与衣身，如图6-203所示，衣身和袖子正面相对，缝合后对缝份进行锁边。

步骤 06 机缝装饰线，如图6-204所示，将缝份倒向袖子，从正面机缝。

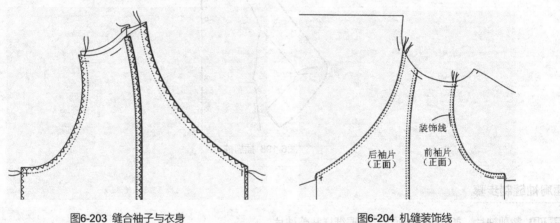

图6-203 缝合袖子与衣身   图6-204 机缝装饰线

步骤 07 缝合袖下缝及侧缝，如图6-205所示，衣身与袖子的前片和后片分别正面相对，机缝后用熨斗烫分开缝。

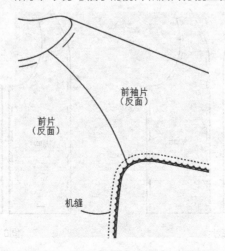

图6-205 缝合袖缝

童装款式

童装是以儿童时期各年龄阶段的孩子为对象的服装总称。根据各个年龄阶段可以分为婴儿期、幼儿期、小童期、中童期、大童期等5个时期。

儿童体型与成人体型的不同点主要在于儿童是不断成长变化的，孩子们的体型或机能方面随着发育而变化。儿童服装的裁剪应注意：

第一，不可因孩子发育较快便将服装裁剪的过于宽长，这样会造成孩子穿着后显得拖沓臃肿，给行动带来不便。

第二，幼儿期孩童体型腰部粗壮，因此不适宜给幼儿期孩童穿束腰式服装，连体式的连衣裙和背带裤较合适，儿童服装应以各类宽腰式或直腰式的为主。

第三，儿童服装款式应结构简单，不宜过于复杂，纽扣不可设太多，尽可能用背带、松紧带、搭扣等辅料。

7.1　婴儿斜襟内衣

婴儿装首先要考虑面料吸湿性好、耐洗，且洗涤后不能变硬。布料要选用质地柔软、吸水性强、透气性好的棉织品做内衣，也可用旧的棉毛衫、旧的布单衣等制作。化纤及毛织品对皮肤有刺激作用，易发生皮炎，有的还会发生过敏反应，一般不宜用，如实在要用，可作为外套使用。

衣服的颜色要浅，因深色布料多用苯胺染料染织，易使新生儿患高铁血红蛋白病，使新生儿出现紫绀。浅色衣服不仅清爽、干净，也便于及时发现异常情况，如呕吐物的颜色、性状等。

衣服式样的选择，要便于穿脱，有利于宝宝的活动，还要注意保暖。内衣做得要宽松些，选择斜襟式样，并使用带子系扣，既柔软，也可随意放松。不宜使用拉链和纽扣，以免划伤皮肤或脱落后被误食，发生意外。

根据季节应准备薄厚不同的衣服，如单衣、夹衣、棉衣，出生前6个月的婴儿不必准备太多衣服，因其成长速度快，约增长16厘米，半岁后可多准备些衣服，这时小儿相对长得较慢些。

7.1.1　款式设计和制版

婴儿装首先要考虑到不能刺激婴儿柔软细嫩的肌肤。如图7-1所示，为了穿脱方便，设计的前襟要开大一些，尽量减少缝合，缝头不能直接碰触到皮肤上，上衣不能设计过长，以免同尿布一起弄脏。且由于婴儿基本没有尺寸差别，可以用固定尺寸来制图，婴儿看不到脖颈，所以制版时领口不宜开太深，袖子需设计长一些，以免婴儿手指抓到脸部。

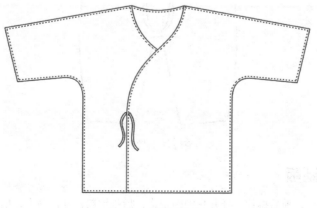

图 7-1　婴儿装

婴儿装制版，如图**7-2**所示。

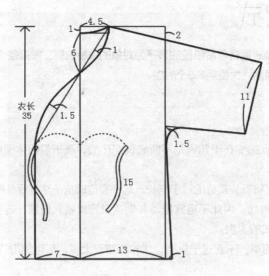

图 7-2 婴儿装制版及裁剪

7.1.2 缝制方法

步骤01 注意缝份一定要处理在表面，以免刮伤婴儿肌肤。

步骤02 袖缝和侧缝一起缝合，宽度0.5~0.6cm。

步骤03 胸前需系带，带子不宜过长。

步骤04 袖口、领圈及前襟和底边需进行包边。

7.2 婴儿开裆裤

穿开裆裤（图7-3）是由宝宝的生理决定。婴儿期，宝宝还不能控制大小便，大小便的次数较多，爸妈需要不停地为宝宝排便和更换尿布。此外，婴儿无法用语言表示自己的要求，爸妈虽说和婴儿整天相处在一起，但由于爸妈和婴儿交流沟通的默契性差，对婴儿把尿的习惯掌握尚不准确，为了解决这个问题，大多数爸妈为婴儿选择穿开裆裤。这样既可以大大减轻父母照顾婴儿的辛苦程度，也可以解决因照顾不周而给婴儿带来的健康影响。

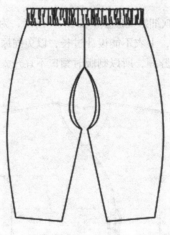

图 7-3 开裆裤

7.2.1 款式设计和制版

以下为最简单的裁剪方法，前后裤片一样并且侧面相连，后裆比前裆开口稍大，如表7-1所示，已列出3个型号所对应的尺寸，根据尺寸绘制即可。

表 7-1 开裆裤规格表（单位：cm）

身高	裤长	直裆	横裆	脚口	前开裆	后开裆
50	31	16	11	8	7	10
55	34	17	12.5	9	7.5	10.5
60	38	18	14	10	8	11

开裆裤制版，如图7-4所示。

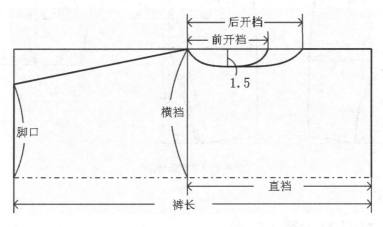

图7-4 开裆裤制版及裁剪

7.2.2　缝制方法

步骤01 先缝合裤缝，再对裤缝进行锁边。

步骤02 前后裤片正面相对，缝合裆缝。（后裆距离腰头处留1cm开口，用来穿松紧带。）

步骤03 用卷边缝对脚口和腰头进行处理。

7.3　儿童连体衣

连体衣（图7-5）是宝宝学习走路前先练习爬行穿的必备衣服，在宝宝爬行时可避免宝宝的小肚子受凉，也保护了小宝宝的肚皮不会摩擦到地板，长袖连脚的连体衣更有效地保护了宝宝的肘部和膝盖。

图7-5 连体衣

7.3.1　款式设计和制版

儿童连体衣制版，如图7-6所示。

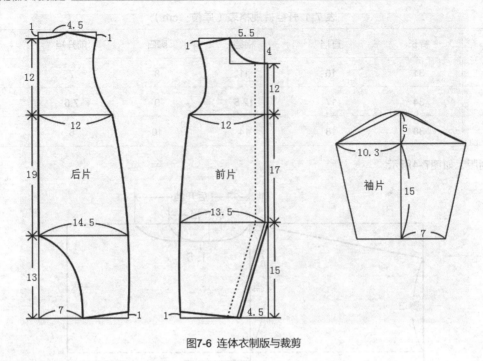

图7-6 连体衣制版与裁剪

7.3.2 缝制方法

步骤01 缝合袖缝并对袖缝进行锁边处理。

步骤02 缝合肩缝与侧缝，前片与后片正面相对，机缝。

步骤03 缝合后裆缝。

步骤04 处理前门襟。

步骤05 装袖，将袖子套入已经缝合好的衣身，与衣身正面相对，机缝。

步骤06 对领口、袖口及脚口进行包边。

步骤07 钉扣子。

7.4 儿童背心

儿童背心（图7-7）简洁实用，材质透气清爽，穿着方便、舒适。

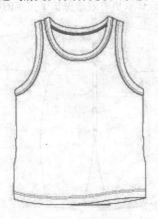

图7-7 儿童背心

7.4.1 款式设计和制版

制版规格如表7-2所示。

表 7-2 儿童背心成品规格（单位：cm）

部位	衣长	胸围	肩宽	挂肩	领宽	领深
规格（M）	44	66	24	17	15	12

儿童背心制版，如图7-8所示。

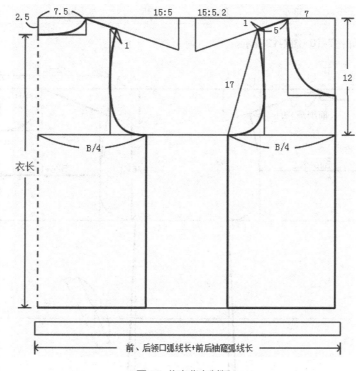

图7-8 儿童背心制版

7.4.2　缝制方法

童装背心缝制方法相对于其他款式而言更加简单。

步骤 01 先缝合肩缝，再对肩缝进行锁边。

步骤 02 前后片正面相对，缝合侧缝，对侧缝锁边。

步骤 03 对领口、袖窿和底边包边。

7.5　男童装

男童装通常以分割为主，增强对服装的立体感，加强美感，衬托儿童性格，如图7-9所示。

图7-9 男童外套

7.5.1 款式设计和制版

制版规格如表7-3所示。

表 7-3 男童装成品规格（单位：cm）

号型	部位	衣长	胸围	肩宽	领围	袖长	前腰节长
140/68	规格	53	84	35	32	47	35

男童装外套制版分别如图7-10~图7-12所示。

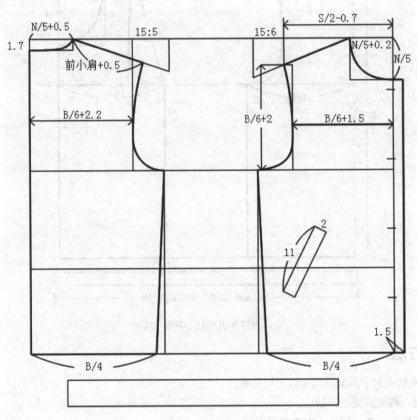

图7-10 外套衣身制版

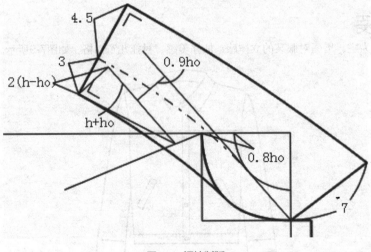

图7-11 领片制版

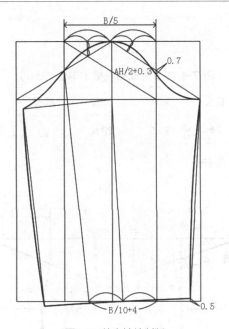

图7-12 外套袖片制版

7.5.2　缝制方法

步骤01　做缝制对位标记。

步骤02　做插袋，先缝合前片横向分割，然后参考挖袋缝制方法缝合口袋。

步骤03　做前衣身里布，将挂面与前片里布正面相对机缝，注意上下两层松紧一致。

步骤04　做后衣片，后片无过多工艺要求，主要是衣片下摆的褶裥缝制。

步骤05　合肩缝，将前后衣片正面相对机缝，缝份倒向后片，再将衣片翻至正面，在后衣片机缝0.8cm装饰线。

步骤06　做领，装领。

步骤07　做袖，装袖。

步骤08　锁扣眼，钉扣。

步骤09　整烫。

7.6　女童装

此款女童装（图7-13）适合学龄期儿童穿着，结构简单，选择面料时应以颜色淡雅、明朗且衣料舒适耐磨为主。

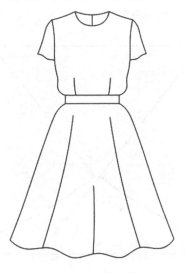

图7-13 女童连衣裙

7.6.1 款式设计和制版

制版规格如表7-4所示。

表 7-4 女童装成品规格（单位：cm）

号型	部位	衣长	胸围	肩宽	领围	腰围	裙长	袖长	前腰节长
135/60	规格	74	74	29.5	29.5	66	40	14	34

女童连衣裙制版如图7-14~图7-16所示。

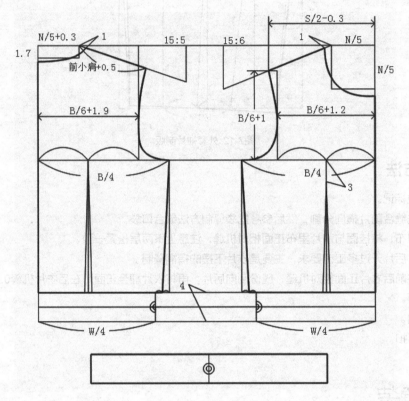

图7-14 连衣裙衣身制版

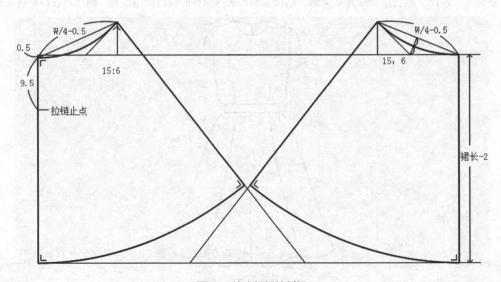

图7-15 连衣裙裙片制版

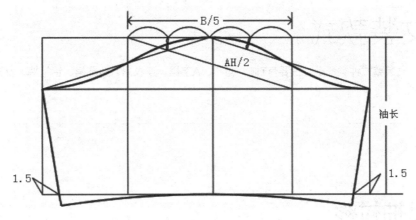

图7-16 连衣裙袖片制版

7.6.2 缝制方法

步骤01 粘衬，在领圈部位烫衬一周。

步骤02 机缝前衣片省道，缝份倒向侧缝。

步骤03 缝合前后衣片肩缝与侧缝。

步骤04 对齐对位点，拼接衣片与腰带。

步骤05 缝合裙片侧缝并锁三线。

步骤06 对齐对位点，拼接裙片与腰带。

步骤07 缝合后中缝至拉链止点。

步骤08 装袖。

步骤09 装隐形拉链（隐形拉链缝制方法参考本书第6章）。

步骤10 高档连衣裙可为其加上里布，普通连衣裙在袖窿、领口部位裁剪贴边缝合。

女装款式

女装款式种类繁多，主要有T恤、衬衫、A字裙、连衣裙、鱼尾裙、铅笔裤、女式西装、大衣等款式。

8.1 喇叭袖衬衫

在这个追求个性的时代，服装袖子部位似乎越来越长、越来越大了，超大的喇叭袖衣服再次成为时尚界的宠儿。喇叭袖的衣服自带有一些复古感，而且因为像两个大喇叭，又带些许活泼可爱。图8-1在前片和后片中分别加入了分割和过肩线，使其更具装饰性。

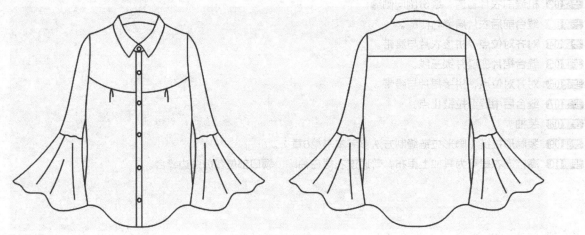

图8-1 喇叭袖衬衫

8.1.1 款式设计和制版

1. 款式特征

如图8-1所示，领型为男士衬衫领，前中开襟，单排扣，钉扣6粒，前片有分割和装饰褶，后片有过肩线，袖型为喇叭袖。

2. 制版规格

喇叭袖的制版规格如表8-1所示。

表 8-1 喇叭袖衬衫成品规格（单位cm）

号型	衣长	胸围	肩宽	领围	背长	袖长	前腰节长
160/84A	58	92	37	36	37	54	40

3. 喇叭袖衬衫的衣身制版

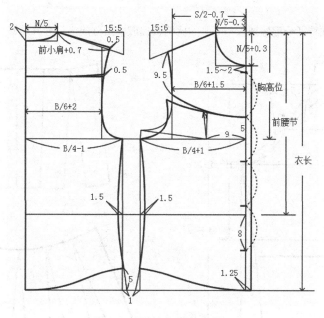

图8-2 喇叭袖衬衫的衣身制版

衣身制版要点

本款衬衫主要难点在于前片省道转移，如图8-3所示，根据款式图画好前片分割线并确定褶位，从分割线连线至BP点，根据图示旋转便得到褶量。操作完成后画顺旋转后的弧线。

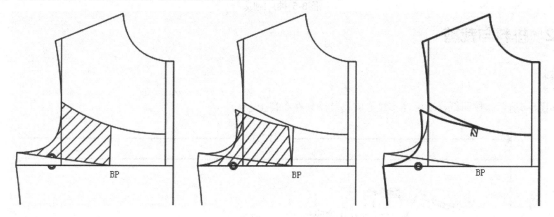

图8-3 省道转移

4. 喇叭袖衬衫领片与袖片的制版

领片制版要点如图8-4所示。

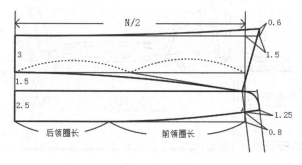

图8-4 领片制版

袖片制版要点

如图8-5所示，根据款式特征分配好袖管与喇叭的比例，提取袖口分成六等分并剪开加量。

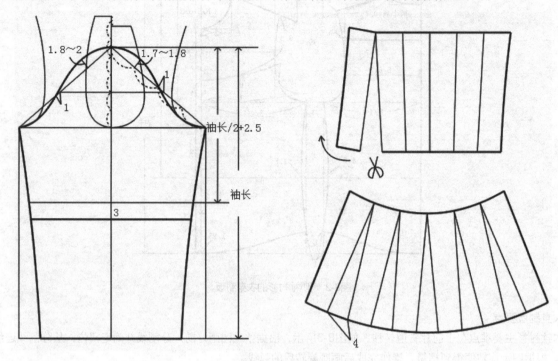

图8-5 袖片制版

8.1.2 排料与裁剪

1. 排料

如图8-6所示，按照纸样所标注布纹方向将其排列在布料上。

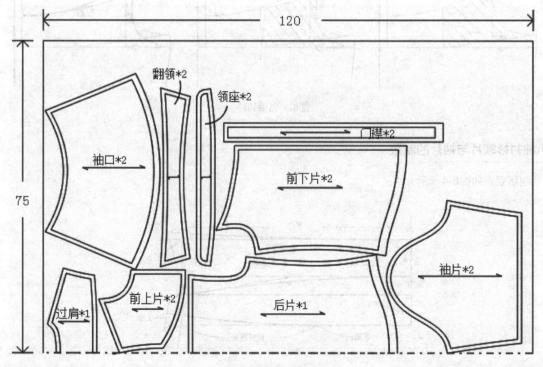

图8-6 喇叭袖衬衫排料

2. 裁剪

喇叭袖衬衫缝份加放方法如图8-7所示。

- 领座和领里全部放1cm缝份。
- 过肩后中心线对折不放缝份，其余部位放缝1cm。
- 后片中心线对折不放缝份，底边放缝2.5cm，其余部位放缝1cm。
- 前片底边放缝2.5cm，其余部位放缝1cm。
- 门襟底边放缝2.5cm，其余部位放缝1cm。
- 袖片袖口放缝1.5cm，其余部位放缝1cm。

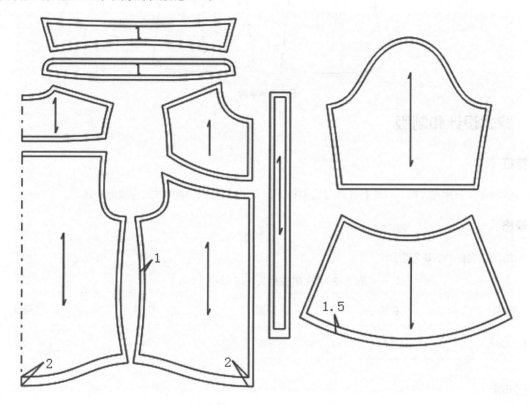

图8-7 衬衫纸样

8.1.3 缝制方法

步骤 **01** 粘衬、领片和门襟分别烫上衬料，防止变形。

步骤 **02** 处理前片褶量、缝合褶量并将缝份打剪口烫分开缝。

步骤 **03** 分别拼接前片分割和后片过肩，并使用锁边机锁边。

步骤 **04** 拼接前片与门襟，门襟可采用包边缝方法与前片拼接。

步骤 **05** 缝合肩缝与侧缝，将前片与后片正面相对机缝并锁边。

步骤 **06** 做领（参照本书第6章衣领缝制方法）。

步骤 **07** 做袖（参照本书第6章衣袖缝制方法）。

步骤 **08** 收底边，采用卷边缝方法对底边进行机缝。

步骤 **09** 锁扣眼，钉扣，按照制版图的扣眼位置在右前片门襟中心线处锁扣眼，在左前片门襟中心线处钉扣。

步骤 **10** 熨烫整理。

8.2 A字裙

A字裙从腰围到臀围比较合体，下摆自然展开，不妨碍步行，如图8-8所示。

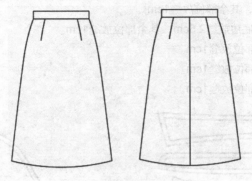

图8-8 A字裙

8.2.1 款式设计和制版

1. 款式特征

裙型呈A字形，前片有省道，后片有省道且后中打开，有单独腰头，穿着方式为隐形拉链。

2. 制版规格

A字裙的制版规格如表8-2所示。

表 8-2 A字裙成品规格（单位：cm）

号型	裙长	腰围	臀围	腰长
160/66A	63	68	96	18

3. A字裙制版

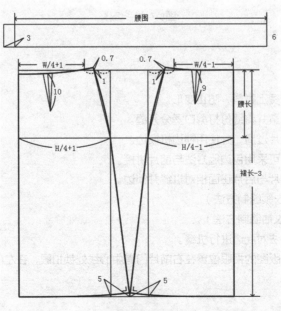

图8-9 A字裙制版

8.2.2 排料与裁剪

1. 排料

如图8-10所示，按照纸样所标注布纹方向将其排列在布料上。

2. 裁剪

A字裙缝份加放方法，如图8-11所示。

- 腰头四周放缝1cm。
- 前片对折不放缝，底边放缝2cm，其余部位放缝1cm。
- 后片底边放缝2cm，后中放缝1.5cm，其余部位放缝1cm。

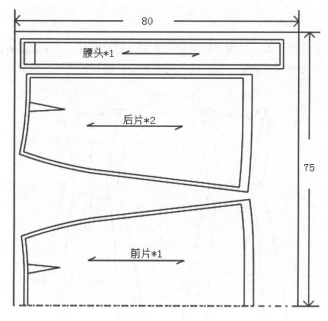

图8-10 A字裙排料

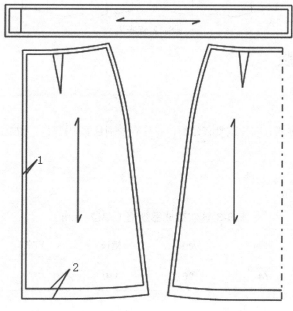

图8-11 A字裙纸样

8.2.3 缝制方法

步骤01 粘衬，在腰头的反面烫衬。

步骤02 锁边，对裙片侧缝、底摆进行锁边。

步骤03 收省，机缝前后裙片省道并熨烫倒向侧缝。

步骤04 缝合后片，将左右后片正面相对，机缝1cm并烫分开缝。

步骤05 缝合侧缝（装拉链），将前后裙片正面相对，先缝合左侧侧缝，右侧侧缝根据第6章隐形拉链的缝制方法缝合。

步骤06 装腰头，腰头按翻折线正面相对折好，与裙片正面相对，将拉链夹在中间机缝。

步骤07 翻折下摆缝份并熨烫，卷边机缝。

8.3 连衣裙

连衣裙（图8-12）是裙子中的一类，是指上衣和裙子连在一起的服装，也是造型丰富、种类繁多、很受青睐的款式。根据穿着对象的不同，可分为童式连衣裙、成人连衣裙等，连衣裙还可以根据造型的需要，形成各种不同的轮廓和腰节位置。

图8-12 连衣裙

8.3.1 款式设计和制版

1. 款式特征

如图8-12所示，裙型为连体式，前片腰侧有分割，后片有分割且后中打开，无袖，无领，收腰。

2. 制版规格

连衣裙制版规格如表8-3所示。

表 8-3 连衣裙成品规格（单位：cm）

号型	胸围	腰围	臀围	裙长	肩宽	领围	胸高位
165/84A	94	74	96	110	37	38	24

3. 连衣裙制版

连衣裙制版如图8-13所示。

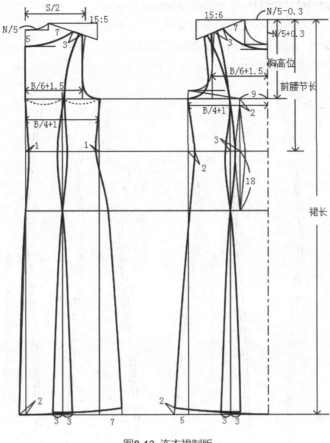

图8-13 连衣裙制版

8.3.2 排料与裁剪

1. 排料

连衣裙排料如图8-14所示。

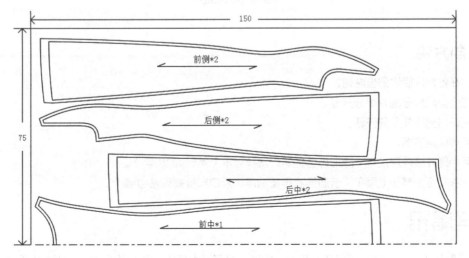

图8-14 排料

2. 裁剪

连衣裙缝份加放方法，如图8-15所示。

- 前中领口、肩缝、分割缝处各放缝1cm，底摆放缝3cm。
- 前侧袖窿、分割缝、肩缝处放缝1cm，底摆放缝3cm。
- 后片后中线处放缝1.5cm，底摆放缝3cm，其余部位放缝1cm。
- 后侧底摆放缝3cm，其余部位放缝1cm。

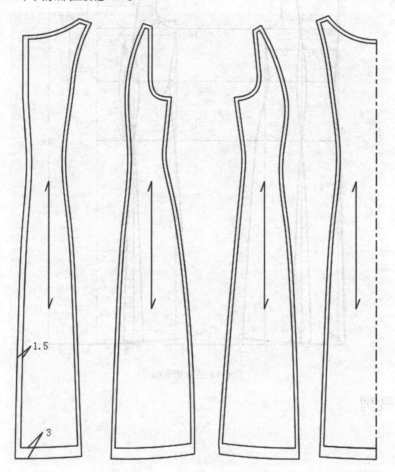

图8-15 连衣裙纸样

8.3.3 缝制方法

步骤01 粘衬，在各裁片底边部位粘衬。

步骤02 分别缝合前后片分割并烫分开缝。

步骤03 缝合肩缝与侧缝并烫分开缝。

步骤04 翻折熨烫固定下摆。

步骤05 缝合后中缝并装隐形拉链（隐形拉链缝制方法参考本书第6章的内容）。

步骤06 高档连衣裙可为其加上里布，普通连衣裙在袖窿、领口部位裁剪贴边缝合。

8.4　鱼尾裙

鱼尾裙（图8-16）是指裙体呈鱼尾状的裙子。腰部、臀部及大腿中部呈合体造型，往下逐步放开下摆展开呈鱼尾状。

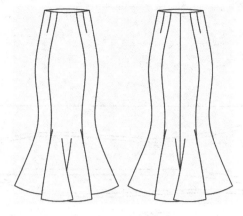

图8-16 鱼尾裙

8.4.1 款式设计和制版

1. 款式特征

如图8-16所示，裙型为连腰式，前片有省道，后片有省道，后中打开，臀部较贴合人体，底摆宽松似鱼尾。

2. 制版规格

鱼尾裙制版规格如表8-4所示。

表 8-4 鱼尾裙成品规格（单位：cm）

号型	部位	裙长	腰围	臀围
160/72B	规格	78	74	96

3. 鱼尾裙制版

鱼尾裙制版如图8-17所示。

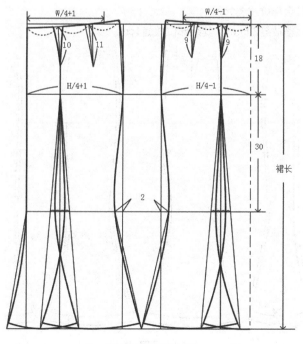

图8-17 鱼尾裙制版

8.4.2 排料与裁剪

1. 排料

鱼尾裙排料如图8-18所示。

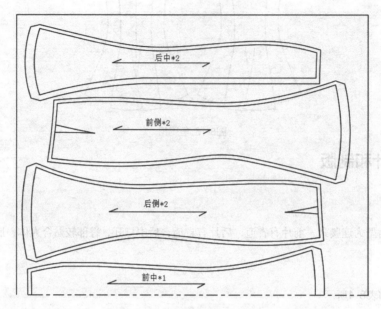

图8-18 鱼尾裙排料

2. 裁剪

鱼尾裙缝份加放方法，如图8-19所示。

- 前中对折不放缝，底摆放缝2.5cm，其余部位放缝1cm。
- 前侧底摆放缝2.5cm，其余部位放缝1cm。
- 后侧底摆放缝2.5cm，其余部位放缝1cm。
- 后中中线放缝1.5cm，底摆放缝2.5cm，其余部位放缝1cm。

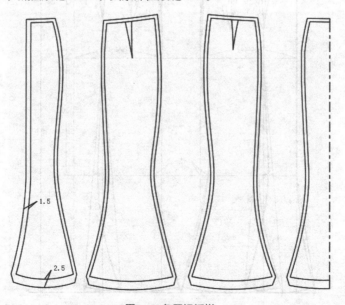

图8-19 鱼尾裙纸样

8.4.3　缝制方法

步骤01 分别机缝前片和后片省道，省尖留线头4~5cm打结收尾。

步骤02 分别缝合前片和后片分割并烫分开缝。

步骤03 缝合后中，将后中两片正面相对，从底摆处开始，缝制隐形拉链开口止点，然后装隐形拉链（隐形拉链缝制方法参考本书第6章的内容）。

步骤04 缝合侧缝，前片与后片正面相对，机缝侧缝。

步骤05 整烫下摆，折好下摆缝份，并用熨斗熨烫固定形状。厚面料可加里布，下摆与里布缝合。薄面料需在反面对底边进行手工针法固定。

8.5　铅笔裤

铅笔裤（图8-20），别名烟管裤、吸烟裤，又叫小脚裤，最常用的叫法就是小脚裤和铅笔裤，是指有着纤细裤管的裤子，也有窄管裤之称。这种裤型的特点是剪裁超低腰，可以对臀、腿部塑型，让臀部紧贴，腿线显得纤长。

图8-20　铅笔裤

8.5.1　款式设计和制版

1. 款式特征

如图8-20所示，铅笔长裤，前片有插袋，前中有明拉链，后片有育克和贴袋，有腰头，钉扣一粒。

2. 制版规格

铅笔裤制版规格如表8-5所示。

表 8-5　铅笔裤成品规格（单位：cm）

号型	部位	裤长	腰围	臀围	上裆	脚口	腰宽
160/66A	规格	94	68	96	29	19	3

3. 铅笔裤制版

铅笔裤制版如图8-21所示。

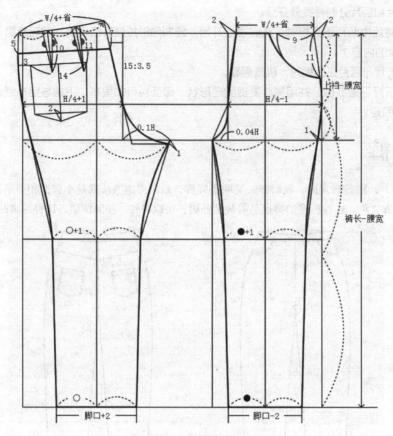

图8-21 铅笔裤制版

制版要点

因款式图后片无省道，在制版时需将后片省道合并，如图8-22所示。

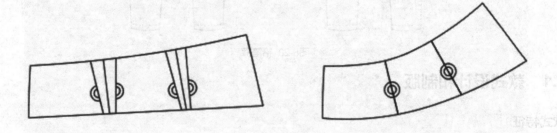

图8-22 省道合并

8.5.2 排料与裁剪

1. 排料

铅笔裤排版如图8-23所示。

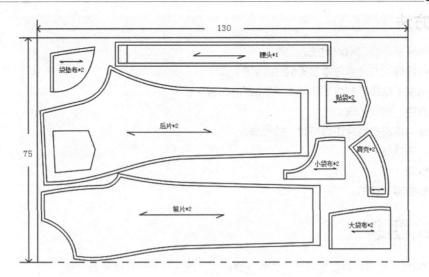

图8-23 排料

2. 裁剪

铅笔裤缝份加放方法,如图8-24所示。

- 前片底摆放缝2.5cm,其余部位放缝1cm。
- 后片底摆放缝2.5cm,其余部位放缝1cm。
- 腰头四周放缝1cm。
- 后片贴袋袋口放缝2.5cm,其余部位放缝1cm。
- 后片育克四周放缝1cm。
- 拉链门襟和里襟不放缝,其余零部件四周放缝1cm。

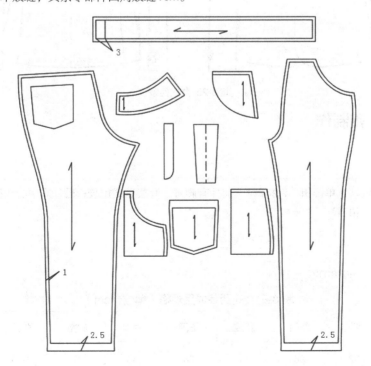

图8-24 铅笔裤纸样

8.5.3 缝制方法

步骤01 缝制前片月牙袋，袋口辑双明线。

步骤02 装拉链（拉链缝制方法参考本书第6章的内容）。

步骤03 机缝后片贴袋（贴袋缝制方法参考本书第6章的内容）。

步骤04 缝合后片育克，辑双明线。

步骤05 缝合后裆缝，将左右后片正面相对，机缝缝份。

步骤06 缝合侧缝、内裆缝。

步骤07 脚口卷边机缝。

步骤08 装腰头、锁扣眼，钉扣。

8.6 女式西装

女式西装（图8-25）比男式西装更轻柔，裁剪也较贴身，以凸显女性身型的曲线感。

图8-25 女式西装

8.6.1 款式设计和制作

1. 款式特征

如图8-25所示，平驳领，单排扣，钉扣2粒，前片有腰省，有袋盖式挖袋；后片后中心线打开，有刀背分割；袖子为两片袖，有袖叉，钉扣2粒。

2. 制版规格

女式西装的制版规格如表8-6所示。

表 8-6 女式西装成品规格（单位：cm）

号型	部位	衣长	胸围	腰围	臀围	领围	肩宽	背长	袖长	袖口
160/84A	规格	62	96	74	96	36	37	37.5	56	24

3. 女式西装衣身制版

女式西装的衣身制版如图8-26所示。

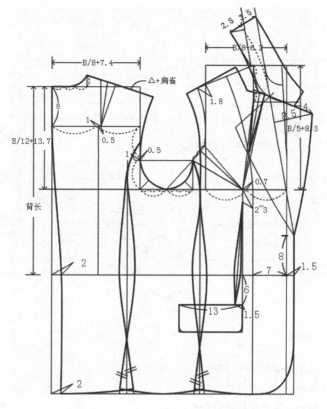

图8-26 女式西装的衣身制版

4. 女式西装的袖片制版

女式西装的袖片制版如图8-27所示。

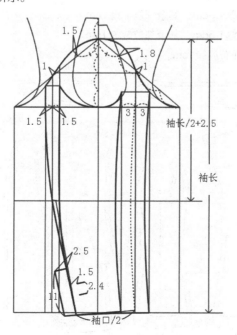

图8-27 女式西装的袖片制版

8.6.2 排料与裁剪

1. 排料

排料如图8-28所示。

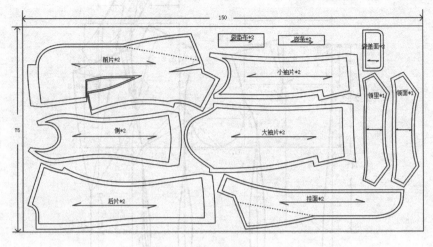

图8-28 排料

2. 裁剪

女式西装缝份加放方法，如图8-29和图8-30所示。

- 领面领外围弧线放缝1.2cm，其余部位放缝1cm。
- 领里领外围弧线放缝0.8cm，其余部位放缝1cm。
- 后片后中放缝2cm，底摆放缝4cm，肩缝和分割放缝1.5cm，其余部位放缝1cm。
- 侧片两分割线放缝1.5cm，底摆放缝4cm，其余部位放缝1cm。
- 前片底摆放缝4cm，过挂面2cm继续放缝1cm，肩缝和分割缝放缝1.5cm，其余部位放缝1cm。
- 挂面肩缝放缝1.5cm，其余部位放缝1cm。
- 大袖片袖口放缝4cm，袖缝放缝1.5cm，其余部位放缝1cm。
- 小袖片袖口放缝4cm，袖缝放缝1.5cm，其余部位放缝1cm。
- 袋盖里布边缘放缝0.8，袋盖面布放缝1cm。

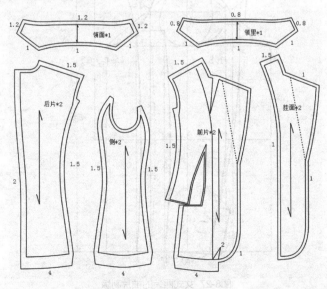

图8-29 女士西装纸样（1）

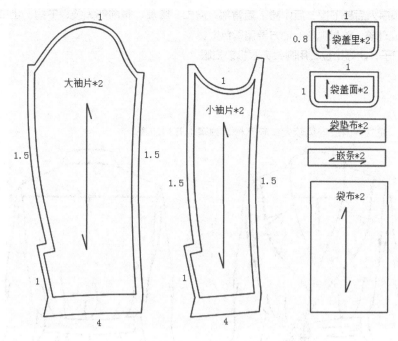

图8-30 女式西装纸样（2）

袋盖里布与袋布应使用衣身里布，与衣身里布一起排料裁剪。

8.6.3　缝制方法

步骤01 做口袋。

步骤02 缝合前身公主线，将前衣片与前侧片正面相对，对齐腰节线上的对位点，缝合公主线、腰省及领口省。要领：腰省与领口省一侧压本布料，同时缝合，分缝熨烫。

步骤03 缝合里子的前衣片与挂面，前衣片里与挂面正面相对，车缝1cm。要领：把握面料特性，用手针假缝固定；前片里子腰省向侧片倒烫。

步骤04 粘牵条衬，在驳头、前止口、领口、袖窿等处粘牵条加固。要领：不要抻拉牵条，要均匀压烫。

步骤05 覆挂面，缝合挂面与前衣片的牵止口。将挂面与前衣片正面相对，用手针沿前止口绷缝固定，车缝1cm。要领：对好止口，翻领熨烫时注意缝份的折烫方向。

步骤06 缝合后衣片，缝合后衣片面的背缝及侧缝，并分缝熨烫；缝合后衣片里的背缝及侧缝，并倒缝熨烫。要领：找好对位点，以免错位。

步骤07 缝合侧缝及底边，缝合面里的侧缝线：对齐腰节线的对位点，分别缝合面、里的侧缝线，分缝烫平；将衣片下摆折边沿线扣折，用绷缝固定，再用手针操边。要领：手针假缝，以免错位。

步骤08 缝合里、面料前后片肩缝，分别缝合面、里的肩缝线，分缝烫平。要领：注意后肩要归一个0~0.5的量。

步骤09 做领子，在领里的反面画出领子的净样，将领面置于下层，领里置于上层，沿净样线车缝，使领面留出适当松量；领面外口线留出0.5cm，领面和领里下口缝份为1cm，将领面翻至正面，整烫领子领面外口线止口，缩进0.2cm。要领：找好对位点，以免错位，注意领子平整。

步骤10 绱领子，缝合领面、领里与衣身的领口线，并分缝熨烫再固定好领口线。要领：覆挂面的松紧程度。拉纤条的作用。

步骤11 缝合面里侧缝，对齐腰节线的对位点，分别缝合面、里的侧缝线，分缝烫平。要领：手针假缝，以免错位。

步骤12 做袖子，缝合面、里的外袖线，缝合面、里的袖口线，缝合面、里的底袖线，固定表袖、里袖缝份，缩缝袖三山。要领：找好对位点，以免错位。

步骤13 绱袖子，按照袖子的对位点和袖窿的大小，用手针绷缝固定，然后车缝一周。要领：找好对位点，以免错位，先上袖面再上袖里。

步骤14 整烫，整烫顺序为后身下摆、后中腰、后背部、肩部、胸部、腰前部大袋、下摆、止口、驳头、领子、袖子。要领：不要有烫光现象，该是弧形的地方要用烫包熨烫。

步骤15 锁扣眼、钉扣子，定好扣位，用圆头锁眼机锁扣眼。

8.7　大衣

大衣属于外套类，通常胸围放松量较大，较宽松，袖窿也开得较深。

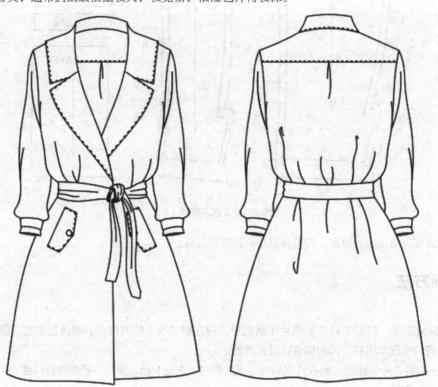

图8-31 女式大衣

8.7.1　款式设计和制作

1. 款式特征

领型为平驳头西服领；前中开襟，双排扣，左右各有翻袋盖挖袋一个；后片有横向分割线，分割处下方有阴裥一个，腰带一条，袖型为一片袖，袖口上方装袖祥。

2. 制版规格

大衣制版规格如表8-7所示。

表 8-7 大衣制版规格（单位：cm）

号型	部位	衣长	胸围	肩宽	领围	前腰节长	胸高位
160/84A	规格	90	106	42	40	41	25

3. 大衣制版

大衣制版如图8-32和图8-33所示。

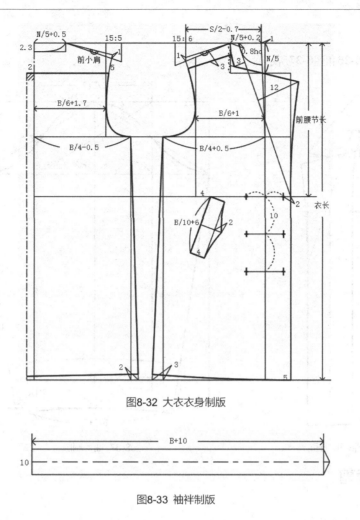

图8-32 大衣衣身制版

图8-33 袖袢制版

4. 大衣领片制版

大衣领片制版如图8-34和图8-35所示。

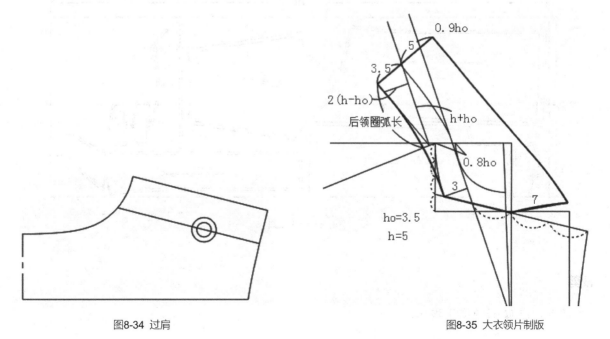

图8-34 过肩

图8-35 大衣领片制版

5. 大衣袖片制版

大衣袖片制版如图8-36和图8-37所示。

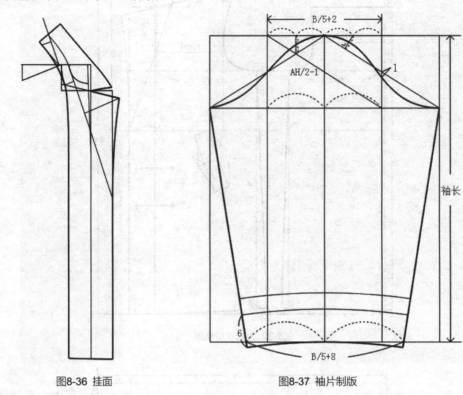

图8-36 挂面　　　　　　　　　图8-37 袖片制版

8.7.2 排料与裁剪

1. 排料

大衣排料如图8-38所示。

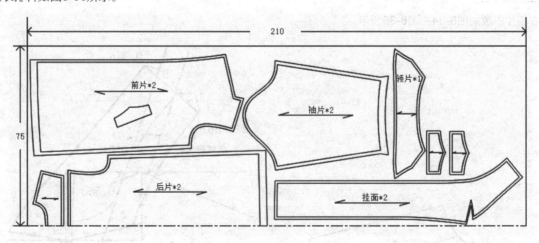

图8-38 大衣排料

2. 裁剪

大衣缝份的加放方法如图8-39所示。

- 领片四周放缝1cm。
- 后片后中对折不放缝，底摆放缝3cm，侧缝及分割放缝1.5cm，其余部位放缝1cm。
- 前片底摆放缝3cm，肩缝放缝1.5cm，其余部位放缝1cm。
- 挂面肩缝放缝1.5cm，其余部位放缝1cm。
- 袖片袖口放缝3cm，袖缝放缝1.5cm，其余部位放缝1cm。
- 袋盖里布边缘放缝0.8 cm，袋盖面布放缝1cm。
- 过肩后片拼接处放缝1.5cm，后中对折不放缝，其余部位放缝1cm。

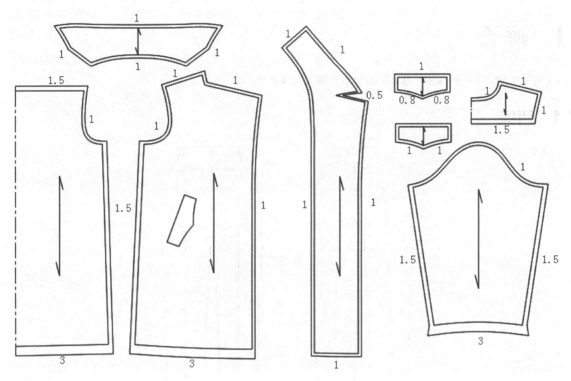

图8-39 大衣放缝

8.7.3　缝制方法

步骤01　机缝后片阴裥，将后片沿中线对折，从上机缝阴裥至缝份处停止并用熨斗对称熨烫平整。

步骤02　缝合后片过肩线，将过肩与后片正面相对，中点对齐机缝，缝份倒向过肩，翻至正面机缝装饰线0.1cm。

步骤03　做口袋。

步骤04　缝合肩缝与侧缝，后片与前片正面相对机缝并使用熨斗熨烫分开缝。

步骤05　机缝袖袢，并缝合袖缝，将袖袢固定于袖子上。

步骤06　装领，参考平驳领缝制方法装领。

步骤07　装袖，将袖片与衣片正面相对，袖缝对齐侧缝点，袖山中点对齐肩点，机缝。

步骤08　缝合里子的前衣片与挂面，将前衣片里与挂面正面相对，车缝1cm。

步骤09　缝合挂面前片。

步骤10　整烫，整烫顺序为后身下摆、后中腰、后背部、肩部、胸部、腰前部大袋、下摆、止口、驳头、领子、袖子。要领：不要有烫光现象，该是弧形的地方要用烫包熨烫。

步骤11　锁扣眼、钉扣子，定好扣位，用圆头锁眼机锁扣眼。

Chapter 9 男装款式

与女装相比，男装款式较为单一，主要包括西裤、休闲裤、马甲、西装、夹克等。

9.1 裤子

男士裤装主要分为西裤与休闲裤，休闲裤有长裤与短裤之分。

9.1.1 西裤

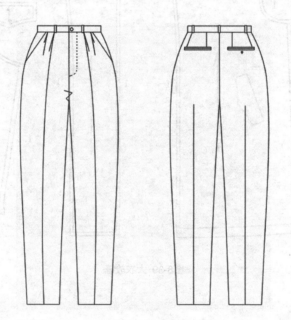

图9-1 男西裤

1. 款式设计和制版

款式特征

如图9-1所示，前片左右翻折裥两个，前中装拉链，两侧斜插袋，后片左右各收两个省，双嵌线挖袋，装腰头，串带袢五根。

制版规格

男西裤制版规格如表9-1所示。

表 9-1 男西裤成品规格（单位：cm）

号型	裤长	腰围	臀围	脚口
175/80A	104	82	108	23.5

男西裤制版

男西裤制版如图9-2、图9-3所示。

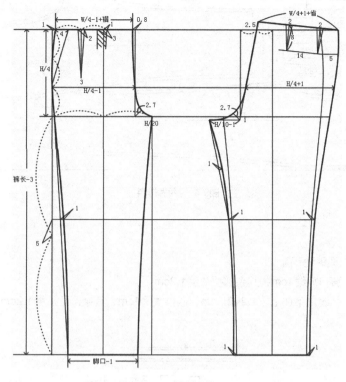

图9-2 男西裤制版

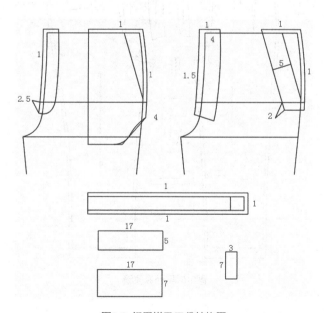

图9-3 门里襟及口袋结构图

2. 排料与裁剪

排料

男西装排料如图9-4所示。

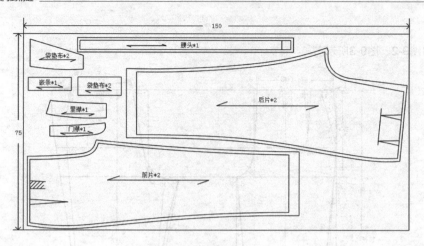

图9-4 男西裤排料

裁剪

西裤缝份加放方法，如图9-5所示。

- 前片底摆放缝4cm，腰口放缝1cm，其余部位放缝1.2cm。
- 后片底摆放缝4cm，裆缝由下往上放1.2~2.5cm，腰口放缝1cm，其余部位放缝1.2cm。
- 腰头四周放缝1cm。

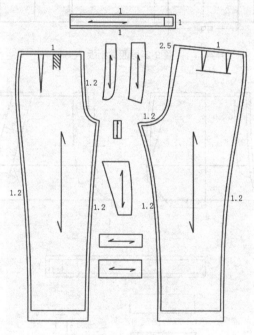

图9-5 男西裤放缝

3. 缝制方法

步骤01 检查裁片，前裤片两片，后裤片两片，腰面、里、衬各一片。门襟贴边、衬各一片，里襟面、里衬各一片，斜插袋袋垫布两片，斜插袋袋布两片，后袋嵌线四片，后袋袋垫布两片，袋布两片，串带袢五片。

步骤02 做缝制标记，根据不同面料的需要，选择打线钉或画粉线。

步骤03 粘衬，对腰里和腰面反面进行烫衬，门襟反面、里襟反面及后袋嵌条反面粘衬。

步骤04 锁边，前片和后片、门襟的缝头都需要锁边。

步骤05 收后片省道，按省位辑省，开头要回针，省尖处留4~5cm余线打结。

步骤06 熨烫省道，裤片反面省道倒向后裆缝，省尖需烫平，不起泡。

步骤07 做串带袢，将两边毛边朝反面折转，再对折，两边各辑0.1cm止口一道，或者正面对折，串带袢宽1cm，缝头0.3cm，将缝份分开烫平，翻至正面。缝份居中，沿两边各机缝0.1cm明线一道。

步骤08 门里襟，把里襟正面相叠，在外机缝0.6cm，熨烫平整，然后一起锁边。

步骤09 做腰头，腰面与腰里正面相对，机缝0.8cm；再将腰里翻转烫平，腰面吐止口0.2cm，沿折边机缝0.1cm，将腰里扣烫平整，腰宽5cm，腰面按腰头规格4cm折转。

步骤10 做后挖袋（参考本书第6章双嵌线袋缝制方法）。

步骤11 做前斜插袋。

步骤12 缝合侧缝，将前后裤片正面相对，从腰口缝至脚口，机缝线要顺直平服。

步骤13 熨烫侧缝，先将侧缝上段放在布馒头上熨烫，下端可直接摊平在案板上熨烫，熨烫时把控好温度，切不可将面料烫糊。

步骤14 缝合下裆缝，对齐标记点，缝合前后裤片下裆缝，膝线上下不可过紧也不可过松，否则容易起涟，导致裤线不正。

步骤15 熨烫下裆缝，下裆缝烫分开缝，熨烫时要把膝线拔长，不能起吊。

步骤16 装拉链（参考本书第6章拉链缝制方法）。

步骤17 装串带袢和腰头，串带袢位置前褶处一边一个，后中心一个，左右侧缝各一个，共五个。

步骤18 处理裤脚，根据裤长规格，按脚口缝份折好边，用手缝针法三角针固定，针脚要密，要齐，表面不露线迹。

步骤19 后嵌线袋锁扣眼钉扣，腰头钉扣。

步骤20 整烫。

9.1.2 短裤

短裤的后落裆线比普通西裤大2~3cm，因为后下裆缝斜度较大，与前下裆缝拼合时容易造成长短不齐，所以制版时需降低落裆深，如图9-6所示。

图9-6 短裤

1. 款式设计和制版

款式特征

如图9-6所示，裤长在膝围以上，前片左右翻折裥一个，前中装拉链，两侧斜插袋，后片左右各收两个省，双嵌线挖袋左右各一个，装腰头，串带袢五根。

制版规格

短裤制版规格如表9-2所示。

表 9-2 短裤成品规格（单位：cm）

号型	裤长	腰围	臀围
175/82A	48	82	100

短裤制版

短裤制版如图9-7所示。

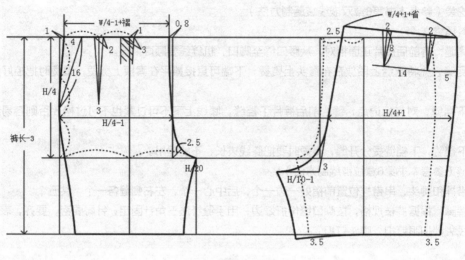

图9-7 短裤制版

2. 排料与裁剪

排料

短裤排料如图9-8所示。

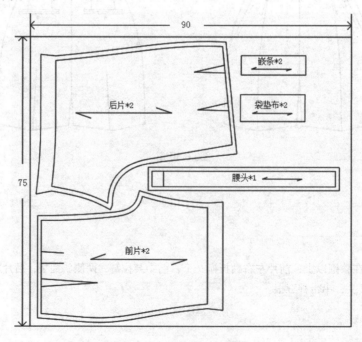

图9-8 排料

裁剪

短裤缝份加放方法，如图9-9所示。

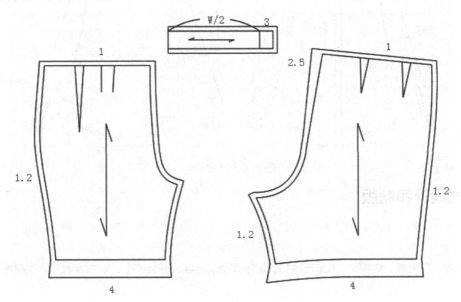

图9-9 短裤放缝

3. 缝制方法

步骤01 检查裁片，前裤片两片，后裤片两片，腰面、里、衬各一片。门襟贴边、衬各一片，里襟面、里衬各一片，斜插袋袋垫布两片，斜插袋袋布两片，后袋嵌条两片，后袋袋布两片，袋布两片，串带袢五片。

步骤02 做缝制标记，根据不同面料的需要，选择打线钉或画粉线。

步骤03 粘衬和锁边，对腰里和腰面反面进行烫衬，门襟反面、里襟反面及后袋嵌条反面粘衬，并对前片和后片、门襟的缝头进行锁边。

步骤04 收后片省道，按省位辑省，开头要回针，省尖处留4~5cm余线打结，熨烫省道。

步骤05 做串带袢，先将两侧毛边按所放缝份对折，再对折第二次，沿边缘各机缝0.1cm装饰线。

步骤06 做腰头，腰面与腰里正面相对，机缝0.8cm；再将腰里翻转烫平，腰面吐止口0.2cm，沿折边机缝0.1cm，将腰里扣烫平整，腰宽5cm，腰面按腰头规格4cm折转。

步骤07 做后双嵌线袋（参考本书第6章双嵌线袋缝制方法）。

步骤08 做前斜插袋。

步骤09 缝合侧缝，将前后裤片正面相对，从腰口缝至脚口，机缝线要顺直平服，再用熨斗烫分开缝。

步骤10 缝合下裆缝，将前后裤片正面相对，机缝下裆缝并熨烫。

步骤11 装拉链（参考本书第6章拉链缝制方法）。

步骤12 装串带袢和腰头，串带袢位置前褶处一边一个，后中心一个，左右侧缝各一个，共五个。

步骤13 处理裤脚，按脚口缝份折好边，用手缝针法三角针固定，针脚要密，要齐，表面不露线迹。

步骤14 腰头钉扣。

步骤15 整烫。

9.2　衬衣

图9-10所示为穿在西装内的衬衫，西装内穿着衬衫是衬衫中最基础的造型，设计简练，没有过多的装饰，结构较为合体。

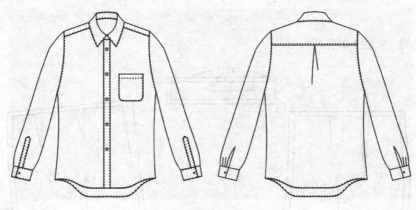

图9-10 男士衬衫

9.2.1 款式设计和制版

1. 款式特征

如图9-10所示，前开襟，V字领，单排五粒扣，前下摆呈尖角状，开袋四个，前衣身收省，侧缝有开叉。

2. 制版规格

制版规格如表9-3所示。

表 9-3 男衬衫成品规格（单位:cm）

号型	部位	衣长	胸围	肩宽	袖长	领围
175/92A	规格	75	112	47	62	42

3. 男衬衫制版

男衬衫制版如图9-11所示。

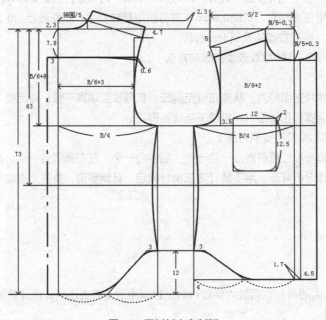

图9-11 男衬衫衣身制版

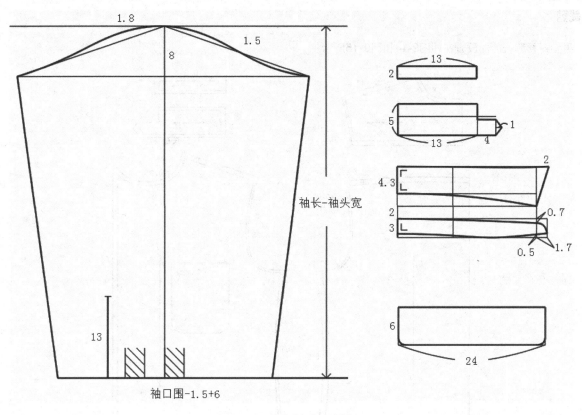

图9-12 男衬衫袖片领片制版

9.2.2 排料与裁剪

1. 排料

男衬衫排料如图9-13所示。

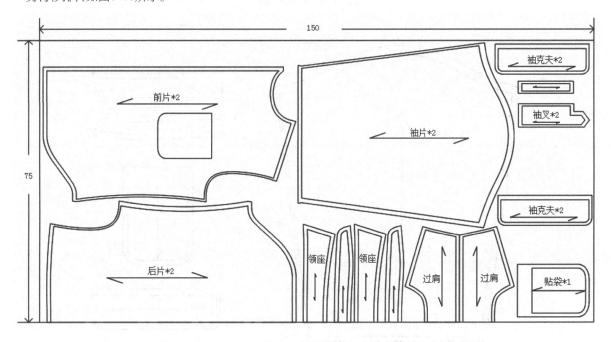

图9-13 男衬衫排料

2. 裁剪

男士衬衫缝份的加放方法如图9-14和图9-15所示。

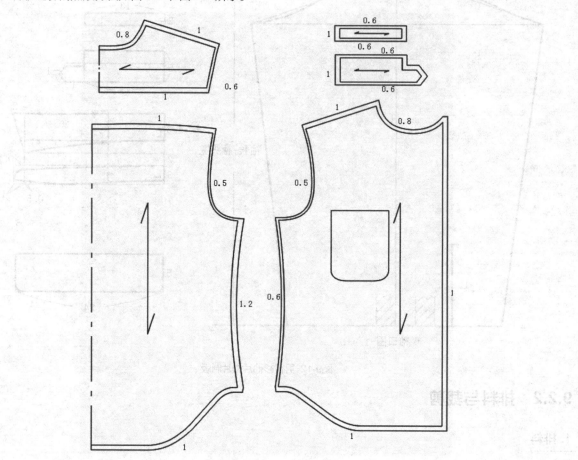

图9-14 男衬衫衣身放缝

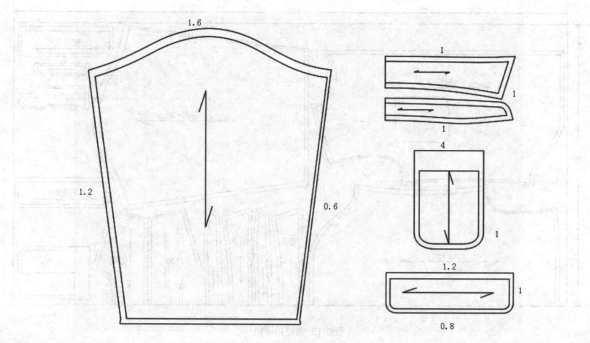

图9-15 男衬衫袖片领片放缝

9.2.3 缝制方法

步骤01 做缝制标记。

步骤02 做前胸贴袋（参考本书第6章贴袋缝制方法）。

步骤03 缝合过肩，先将后中褶裥缝合并熨烫平整，再将过肩与后片正面相对，机缝后缝份倒向下片并熨烫平整。

步骤04 缝合肩缝，将前片与后片正面相对，缝合肩缝，熨烫。

步骤05 做领，装领（参考本书第6章衬衫领缝制方法）。

步骤06 做袖，装好宝剑头袖衩后缝合袖缝。

步骤07 装袖，将袖片袖山中点与肩点对齐，正面相对缝合。

步骤08 缝合侧缝，前后片正面相对机缝侧缝。

步骤09 装袖克夫。

步骤10 卷底边。

步骤11 锁扣眼，钉扣。

步骤12 整烫。

9.3 马甲

在现代生活中，人们越来越注重自己的生活品质，穿马甲已经不仅仅是保暖那么简单，更多的男士选择马甲是为了彰显自己的气度和品味，使男士的身形显得更加的挺拔和自信，如图9-16所示。

图9-16 马甲

9.3.1 款式设计和制版

1. 款式特征

如图9-16所示，前开襟，V领，单排五粒扣，前下摆呈尖角状，开袋四个，前衣身收省，侧缝有开叉。

2. 马甲制版

马甲制版如图9-17所示。

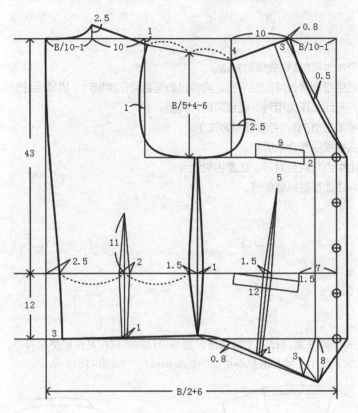

图9-17 马甲制版

9.3.2 排料与裁剪

1. 排料

马甲排料如图9-18所示。

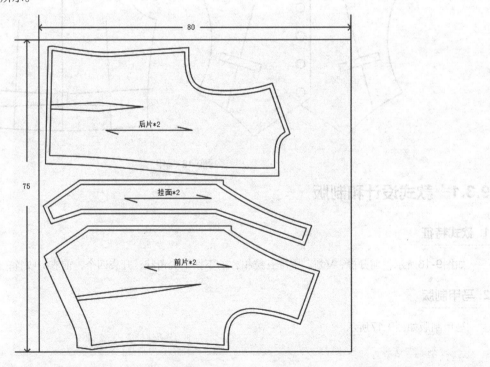

图9-18 马甲排料

2. 裁剪

马甲缝份的加放方法如图9-19所示。

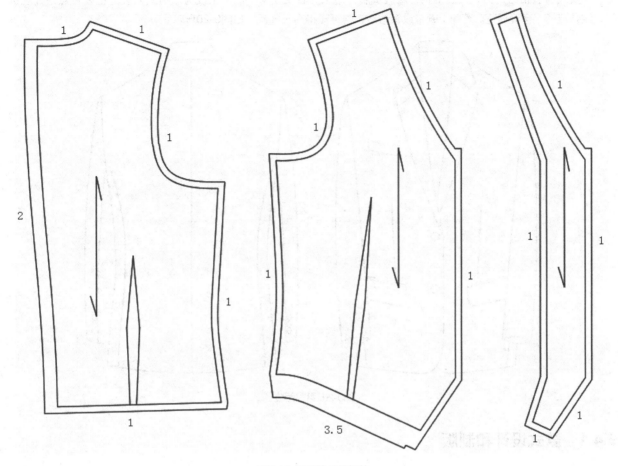

图9-19 马甲缝份的加放

9.3.3 缝制方法

步骤01 标记点，用画粉等标记类工具标记好前后片省道，以及止口位置。

步骤02 做挖袋（参考本书第6章挖袋缝制方法），先缝合前片省道。

步骤03 勾止口。

步骤04 机缝前片里布省道，并缝合前片里布与挂面。

步骤05 整理前片下摆并烫平。

步骤06 机缝后片省道和后中缝，后中缝份倒向左片，省道倒向侧缝。

步骤07 分别缝合面布与里布的肩缝。

步骤08 勾袖窿并熨烫。

步骤09 做腰带。

步骤10 缝合侧缝。

步骤11 勾后片里布下摆。

步骤12 翻烫后片里布并固定左右两条腰带。

步骤13 锁扣眼，钉扣。

步骤14 整烫。

9.4 西装外套

　　与女式西装相比，男式西装挺括，西装革履常用来形容文质彬彬的绅士俊男。男式西装的主要特点是外观挺括、线条流畅、穿着舒适。若配上领带或领结后，则更显得高雅气派，如图9-20所示。

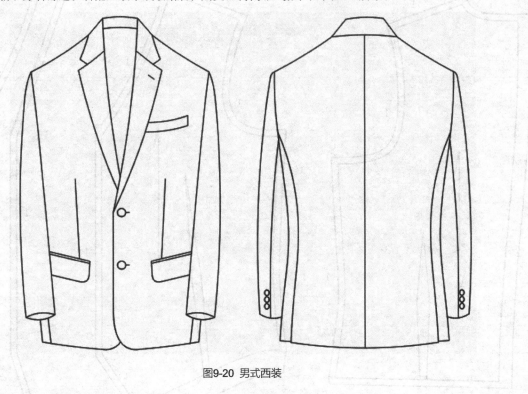

图9-20 男式西装

9.4.1 款式设计和制版

1. 款式特征

　　如图9-20所示，平驳领，单排扣，前中钉扣两粒，左侧驳头插花眼1个，前片袋盖式挖袋左右各1个，左前片手巾袋1个，有腰省；袖片为两片袖，袖口开衩，钉扣各3粒。

2. 制版规格

　　男式西装制版规格如表9-4所示。

表 9-4 男式西装成品规格（单位:cm）

号型	部位	衣长	胸围	肩宽	袖长	领围	袖口
175/92A	规格	75	108	46	61	42	30

3. 男式西装衣身制版

　　男式西装衣身制版如图9-21所示。

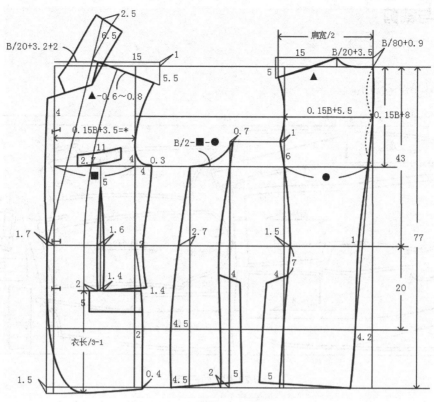

图9-21 男式西装衣身制版

4. 男式西装袖片制版

男式西装袖片制版如图9-22所示。

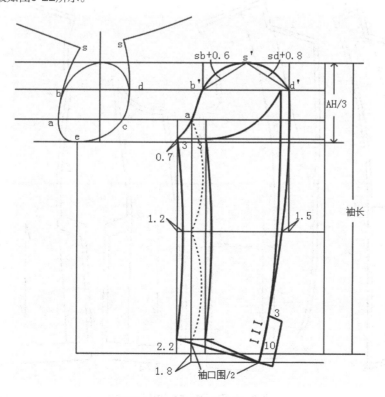

图9-22 男式西装袖片制版

9.4.2 排料与裁剪

1. 排料

男式西装排料如图9-23所示。

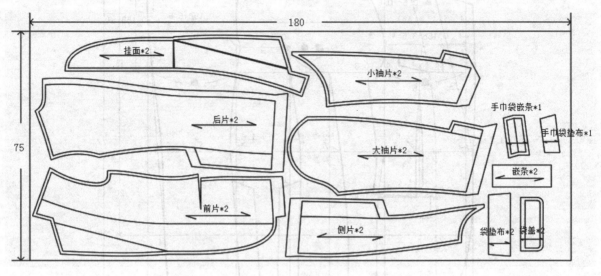

图9-23 男式西装排料

2. 裁剪

男式西装缝份的加放方法如图9-24、图9-25和图9-26所示。

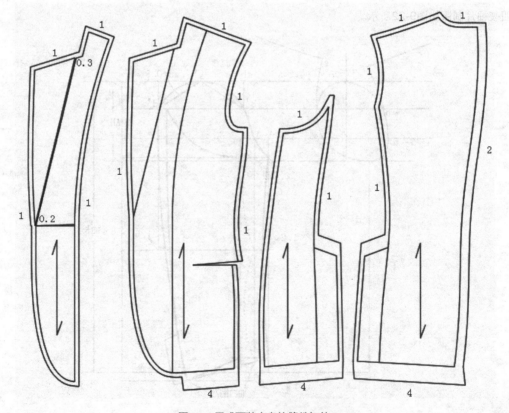

图9-24 男式西装衣身的缝份加放

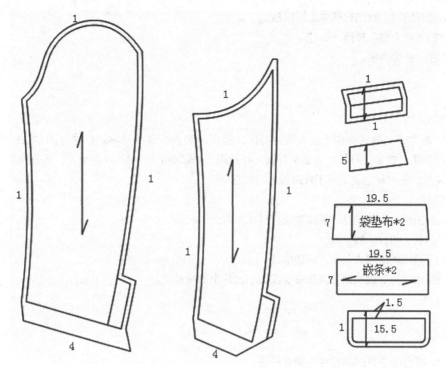

图9-25 男式西装袖片和零部件的缝份加放

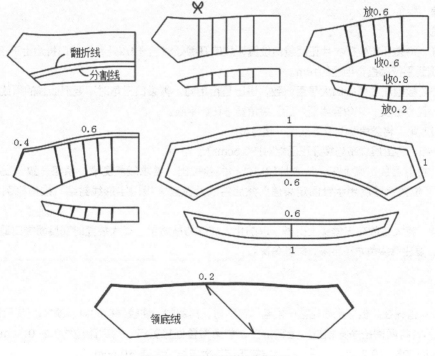

图9-26 男式西装领片的缝份加放

9.4.3 缝制方法

1. 粘衬

步骤01 前片粗样，为了避免前片在粘衬时出现热缩问题，可在裁剪前片时把前片毛样板裁剪成粗片，即在毛样板周边略放2cm。

步骤02 粗样上黏合有纺衬（有纺衬要求比样板略大）。

步骤03 在粘好衬的面料上划毛样板，点位。

步骤04 沿样板画线，修剪样板。

2. 打线钉

步骤01 线钉作用与方法。

线钉是标记，是为了在缝制操作时能准确地对位，保证西装衣身部位对称。打线钉的方法：将两片对合在一起，用一长两短的针距，在需要打线钉的部位钉线（长针距为4或5cm，短针距0.3cm）；然后剪断长针距的线，再从两衣片中间剪断线，在衣片上就留下了针距较远的线钉。

步骤02 打线钉的部位。

- 前衣身上的驳折线、胸袋袋位、装袖对位记号（对合点）。
- 省位、下摆线长、纽位、腰节线。
- 后衣身上的下摆线的下摆衣长线、后腰节线。
- 大袖片上的袖山中点、装袖对位点和袖长线，小袖片上的袖长线。

3. 前片缝制

步骤01 收省。

步骤02 并拢袋口。缝合前衣身的前后片，烫分开缝。

4. 挖袋缝制

步骤01 缝制袋盖。

步骤02 扣烫嵌线。

步骤03 勾绱袋牙，将袋牙布放在衣片正面袋口位置，袋口开剪处对袋牙1/2处，距袋口折边上下各0.5cm绱线，要求起止打倒针，绱线平行顺直，相距约1cm。

步骤04 开剪，先要检验左右两袋口大是否一致，进出是否相同。剪袋口三角时不要把嵌线的绱线剪断，以免袋角起毛，袋角处留一两根纱支，袋角嵌线翻转后，袋角要方正、平服。

步骤05 固定袋口上角，将袋角两头及下嵌线一起封牢。

步骤06 绱上层袋布：将上层袋布与袋牙正面相对按0.5cm缝份勾绱。

步骤07 绱袋盖：将下层袋布掀上来，从衣片袋口处将袋盖拉出，要求袋盖宽窄、条格一致，左右对称，袋盖外露宽度为5.4cm，位置合适后用手针固定袋盖，然后将衣片掀起，绱门字形线封结，袋角打倒针固定，并将袋布勾绱。

步骤08 整烫大袋：将大袋放在布馒头上熨烫，以防止大袋胖势被烫平。烫大袋盖时在反面袋口缝份处垫入纸板，防止熨烫出印迹，要注意袋角方正平服，袋盖角窝服。

5. 制作手巾袋

步骤01 做袋板牙：首先在袋板牙反面先粘一层毛样有纺衬，再裁制一块较硬挺的衬衫领衬，四周比净样小0.1cm，与袋板结合。然后，将两侧按净样扣折，上口扣折，袋角重叠处打剪口，剪口距边约0.2~0.3cm。之后，重新扣烫，使内层比面的两边略小0.2cm。最后，将上层袋布与袋板内层结合缝份0.5cm。

步骤02 袋板牙与衣片相结合打回针，垫袋布与衣片结合，与袋口线相距1.2cm，起止针距袋口各0.2cm。

步骤03 开剪口，不可剪断线根。

步骤04 翻烫，将缝份放在馒头上劈缝熨烫，先分垫布止口，再分烫袋牙板止口。

步骤05 将袋牙板袋布拉到衣片反面，袋布角不能放平的位置打剪口，掀开前片，在缝份处绱线，将袋布与缝份固定。

步骤06 将垫袋布与下层袋布勾绱、缝份向下倒，并用手针将垫袋缝份扦缝。

步骤 07 勾缉胸袋布，袋角处缉圆弧线迹。

步骤 08 封袋口，用手针扦缝袋板，两侧用暗扦针法，袋口、两端封结。

6. 做胸衬

步骤 01 缝制省道，胸衬的省道由胸省、肩省组成，胸省为满足胸部的胖势所需而定，肩省为锁骨的形状而设。

步骤 02 黑炭衬与针刺棉组合，黑炭衬与针刺棉可用摆缝机结合，如不具备条件也可用平缝机45°斜向缝缉。缝好后用针挑薄针刺棉，并用熨斗熨烫接缝。

步骤 03 归拔，胸衬的归拔与前衣身相近，将胸衬反面相对（针刺棉相贴）略喷清水，先熨烫省道，然后归拢胸部，胸部烫出椭圆形，肩头随肩省拉开量而上翘。

步骤 04 整理：按衣片修正胸衬，领口处缝份修成阶梯状，其中黑炭衬为毛样，针刺棉为净样，托肩衬更小。

步骤 05 缉牵条：牵条有两种，为巩固胸部胖势而设置的牵条为经向里子或白棉布，宽1.5cm，在驳折线处所设置的牵条为经纱有纺衬或牵条衬，宽2cm，有胶粒一面朝上，缉时垫薄纸，牵条拉紧约0.5cm。

7. 复胸衬

步骤 01 摆放位置：复衬前应在放片前驳口线位置拉牵条，使胸部胖势聚拢，衬头的胸部与放身胸部胖势相符合，与驳口线相距1cm，然后将胸衬的驳口牵条粘在前衣身驳口线处。

步骤 02 拉出胸袋：在胸衬与胸袋下口对应处可剪一条口子，拉出袋布，并揉平衣身正面，用牵条粘牢袋布。

步骤 03 复衬线路一：从肩缝线中点下12cm起针，直线每3cm一针，缝至前胸1/2处。

复衬线路二：把摆缝翻转，将胸省与大身衬固定，寨线不宜紧，每1cm一针，线结放在衬头下面。

复衬线路三：从肩缝线中点起针，沿驳口线寨线固定，寨缝时可将袖笼一侧垫起4cm左右，用手轻推衣片，使衣片略紧于衬布。

复衬线路四：从肩缝线中点起针沿袖窿线寨线固定，方法同前，衬布寨缝后将宽余部分剪掉，以衣片毛样为标准。

步骤 04 拉牵条，先将袋布与衣身固定，可采用手针扦缝，也可用双面胶粘合固定。前止口处拉牵条，控制其松紧。

8. 制作前片里子与口袋

步骤 01 归拔挂面，把挂面驳头外口直绺归拢，使外口造型符合西服前身的驳头造型。然后把挂面里口胸部归拢，挂面腰节处略微拔开一点，以使衣服成型后，挂面腰节处不吊紧。

步骤 02 将挂面与夹里正面相对，按1cm缝份勾缉，为防止缉缝拉伸变形，可先画出胸围线、腰围线、臀围线对位点，参照对位点勾缉，缉缝后缝份倒缝，并在里子上压缉0.1cm明线。

步骤 03 挖里袋：里袋采用双嵌线挖袋方法，嵌线采用里子，挖袋方法与西服大袋基本相同。不同之处在于下层垫布取消（因袋布为里子绸）。另加袋口三角布。

步骤 04 合缉前侧身：将前侧身夹里与大身夹里正面相对勾缉。缉线缝份为0.8cm，此缝份为倒缝，留0.2~0.3cm。

9. 复挂面

步骤 01 复挂面：先对挂面的外口检查，要求左右对称，纱支直顺，如有条格面料在驳头，止口处应尽量避开明显条纹。因为条纹有偏差，视觉太明显。

步骤 02 寨缝挂面：先将身下面朝上，将挂面与其正面对合，用倒扎针或定针在离缝子边0.6cm处扎一道线，以防缝缉时错位。寨线先从驳口线起针，每2cm一针，寨缝时要严格控制各段的松紧程度。

步骤 03 烫挂面吃势：烫挂面吃势时在驳口线下面垫布馒头，熨烫面积不宜过大，不超过驳口线，下段放平熨烫。缉前止口：将前身朝上，挂面朝下，左前片缉线从绱领点至底边挂面边1.5cm，右前片从下缉至绱领点止。缉线在驳头处沿牵条边缉，在驳止点以下距净样0.2cm处勾缉，止口缉好后，检查两驳头是否对称，缉线顺直，缺嘴大小一致，吃势是否符合要求。

步骤 04 修剪缝份：寨线拆除，止口缝份修剪成阶梯形，并分烫，面料织纹松，缝份为1cm、0.7cm，纹较密可略小，圆角处缝份为0.3~0.4cm，在绱领点与驳止点处打剪口。

10. 兜门襟

步骤 01 先将衣身的正面与挂面的正面相对摆准。如有条格的面料要特别注意左右两挂面的条格要完全一致对称，否则就会造成疵病。在车缝以前要用线将挂面和衣身从驳头至下摆缝处钉扎好。钉扎驳头处时把驳头处比衣身多出的0.7cm推进，将驳头上边缘和外头缘与衣身驳头处的上边缘和外边缘一起钉住，这样就形成了驳头处挂面的量大于衣身的量，驳头边缘就有里外匀。当线钉扎至腰部这一段时，挂面和衣身的量相同。当线钉扎至下摆的圆角处时，应将挂面稍微拉紧，这样成衣下摆的圆角会自然向里窝服。

步骤 02 车缝止口线，在驳领剪刀口处剪一刀口，剪至靠近线根处，然后烫倒做缝。

步骤 03 修止口，止口修剪留0.5cm、0.3cm，剪成"错层"效果，烫劈缝头，虚线处不劈开，向挂面倒，驳角处翻折方法为：用镊子夹住驳角→扭驳角→翻转驳角。

步骤 04 翻挂面，烫门襟止口，驳起点向上挂面吐0.1~0.2cm，驳下大身吐0.1~0.2cm。

步骤 05 固定面里，在驳领止口处用手针固定止口，使之不倒吐。

步骤 06 前片里子拼小叶片。

步骤 07 修里子。

11. 做后身

步骤 01 合面料背缝：将归拔后的后片背缝拼合并分烫，分烫时要保持肩胛骨部位的弓势造型，背缝要烫干烫平。

步骤 02 绱后片过渡衬（针刺棉）：为调节前后肩缝处的差和增强后背的丰满度，稍厚面料西服可在后片加一层薄薄的针刺棉作为过渡，针刺棉的下方要用锥子挑薄，以减小厚度，消除分界线。

步骤 03 合夹里背缝：夹里背缝处因其受力较大，非常容易抽丝，因此在后夹里背缝线处有一虚边量，此虚边是活动时的松量。

12. 合摆缝、肩缝

步骤 01 寨缉肩缝：将后肩放在上层，从颈肩点起针平缝至小肩1/3处，过1/3肩缝后片松，前片紧寨缝至外肩点止，然后熨烫吃势，烫完后缉肩缝。

步骤 02 分烫肩缝：将后肩缝份处针刺棉留0.1cm，其余剪掉，为劈缝时减少厚度，然后将肩缝放到马凳上分烫。注意不要将领口拉伸。

步骤 03 定缝肩缝：在衣片正面将SNP点向SP点直横丝绺捋起，肩头横丝略有弧度，外肩点略朝后偏移，寨线松紧适宜。从SNP点寨线至距SP点5cm处止。然后将肩缝分开缝沿缉线与衬布固定，采用倒扎针，拉线略松。

步骤 04 寨领口：将衣服放至模台上，使前肩部平服挺括，领口处丝绺顺直，用倒扎针将衣身领口与胸衬领口沿边0.6cm固定，并将倒扎针延至后领圈。

步骤 05 合里子肩缝：合里子肩缝，缝份倒向后片。

13. 做领

参考本书第6章西装领缝制方法。

14. 做袖

参考本书第6章两片袖缝制方法。

15. 整烫

步骤 01 先烫夹里缝份及折边，熨斗温度要控制好，因为夹里的耐热性差。

步骤 02 衣片翻到正面，熨烫止口，先烫挂面领面，熨烫止口时熨斗用力向下压，使止口薄挺，要注意里外匀，腰节处向外拔出，保持止口顺直。

步骤 03 烫驳头、领头：将驳头放在布馒头上，按驳折线翻转烫平，要防止驳折线拉伸，烫时适当归拢，驳头线正反二面烫，领子与驳头2/3处烫煞，留1/3不要烫煞，以增强驳头处的立体感。

步骤04 肩胸及袋口：将衣片放到布馒头上从上到下腰吸处要烫顺，袋盖下应垫纸板以防止出印迹。胸部的胖势不要走形。

步骤05 侧缝及袖子：侧缝处缝份烫煞，开衩烫平，然后将袖子放平，袖身处压烫，但袖不能烫出印迹，袖山处用热气处理，不要压平，应保证袖山的饱满圆顺。

步骤06 后背：后背缝烫平，腰吸丝绺放平，推弹，不能起吊。

步骤07 肩部：肩部要在布馒头上一半一半烫，使肩头平挺窝服，符合人体造型。

步骤08 底边与袖口：衣服烫完后要架到模台上放凉，放干后再动，否则很容易变形。

整烫完毕进行最后一步钉纽扣，袖口处的纽扣为装饰扣，钉扣的时候都不要穿透衣片最下层，以免影响美观。

16. 锁扣眼、钉扣

步骤01 纽孔大小纽孔直径+厚度。

步骤02 纽扣离袖口边3cm，间距1.8cm，离袖侧缝1.5cm。

9.5 风衣

风衣多采用防风面料，款式简约、宽松，休闲时尚，通常可搭配牛仔裤或休闲裤穿着，如图9-27所示。

图9-27 男式风衣

9.5.1 款式设计和制版

1. 款式特征

如图9-27所示，领型为平驳头西服领，前中开门襟，四粒扣，前片左右设有分割线，并有袋盖式挖袋，左右各1个；后背有横向分割线，下开后中缝；袖型为两片式圆装袖，袖口有袖克夫。

2. 制版规格

男式风衣制版规格如表9-5所示。

表 9-5 男式风衣成品规格（单位:cm）

号型	部位	衣长	胸围	肩宽	袖长	领围	前腰节长
170/88A	规格	90	116	48	61	44	43

3. 男式风衣衣身制版

男式风衣衣身制版如图9-28所示。

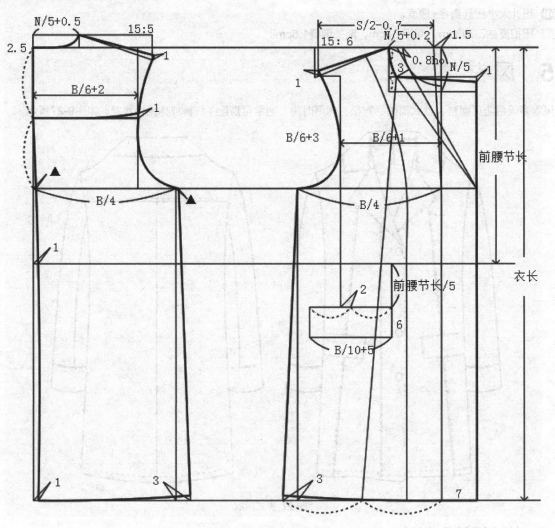

图9-28 男式风衣衣身制版

4. 风衣领片和袖片制版

男式风衣领片和袖片制版如图9-29所示。

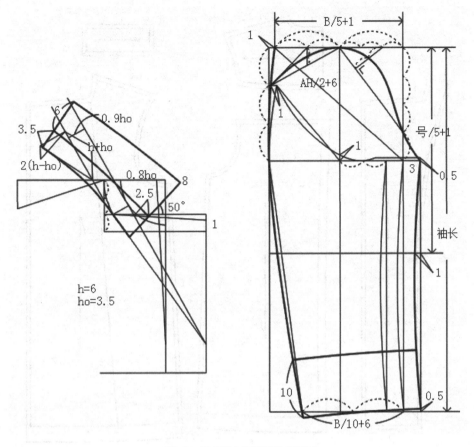

图9-29 男式风衣领片和袖片制版

9.5.2 排料与裁剪

1. 排料

男式风衣排料如图9-30所示。

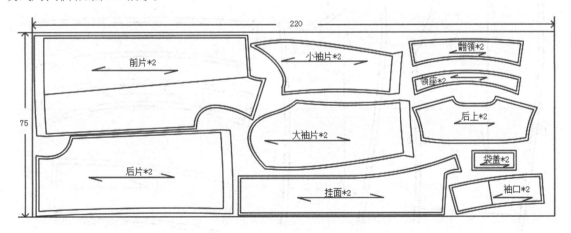

图9-30 男式风衣排料

2. 裁剪

男式风衣缝份加放方法如图9-31和图9-32所示。

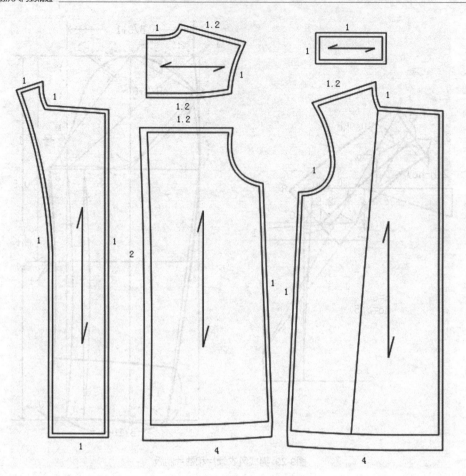

图9-31 男式风衣衣身放缝

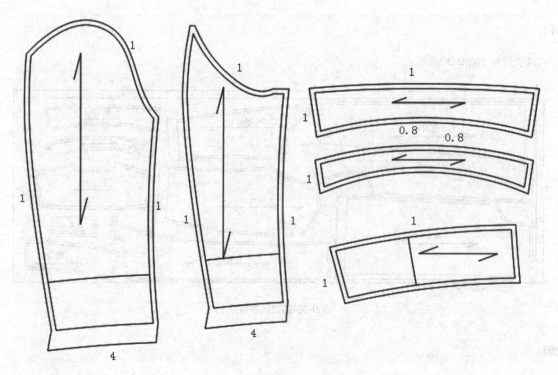

图9-32 男式风衣袖片及领片放缝

9.5.3 缝制方法

步骤 01 标记点位，用画粉等标记类工具将口袋位置等标记好。

步骤 02 拼合前片分割线并在正面机缝装饰线。

步骤 03 缝制口袋。

步骤 04 拼合后中下片，将两片后片正面相对缝合，从正面机缝装饰线后将育克与之正面相对，机缝。

步骤 05 做领，装领。

步骤 06 做袖，先缝合袖缝并将袖子与衣身缝合，装袖克夫。

步骤 07 缝合挂面、里布及里布肩缝摆缝。

步骤 08 缝合里布与面布。

步骤 09 锁扣眼，钉扣。

步骤 10 整烫。

9.6 夹克

男夹克最早是指身长到腰、长袖、开身或套头的外衣；可以是单件，也可以是套装。但随着时代的发展变化，现在，这个名词是泛指各种面料款式、各种用途的短外衣或休闲外衣，如图9-33所示。

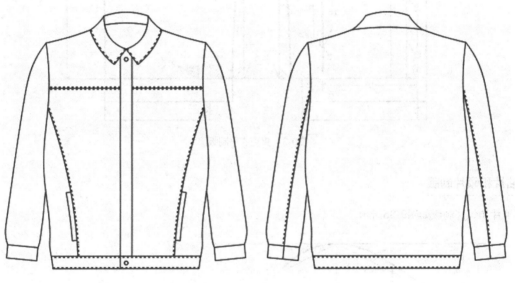

图9-33 夹克

9.6.1 款式设计和制版

1. 款式特征

如图9-33所示，前中采用了关门领、暗扣，下摆卡夫带，袖子采用一片袖的裁剪方法，袖口处有袖头。

2. 制版规格

男夹克制版规格如表9-6所示。

表 9-6 男夹克成品规格（单位：cm)

号型	衣长	胸围	领围	肩宽	袖长
175/96A	74	122	48	50	60

3. 夹克衣身制版

夹克衣身制版如图9-34所示。

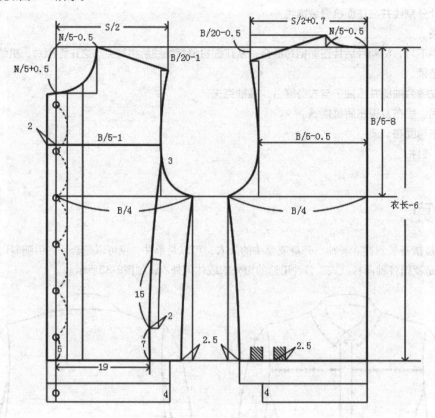

图9-34 夹克衣身制版

4. 夹克袖片和领片制版

夹克袖片和领片制版如图9-35所示。

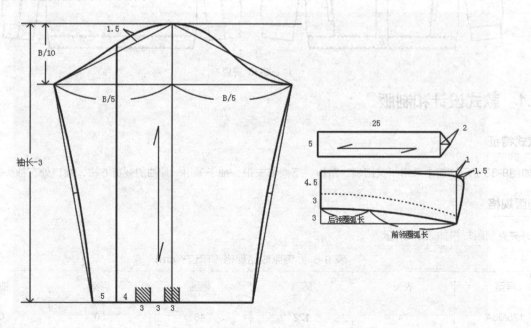

图9-35 夹克袖片和领片制版

9.6.2 排料与裁剪

1. 排料

男士夹克排料如图9-36所示。

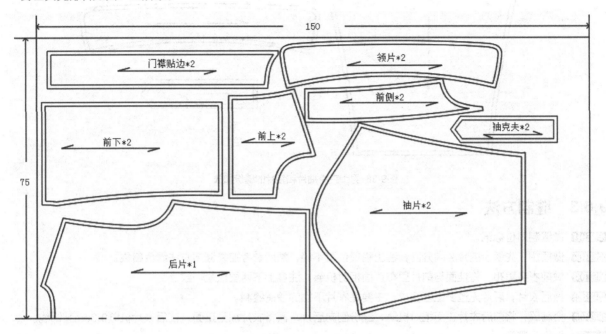

图9-36 男士夹克排料

2. 裁剪

男士夹克缝份的加放方法如图9-37和图9-38所示。

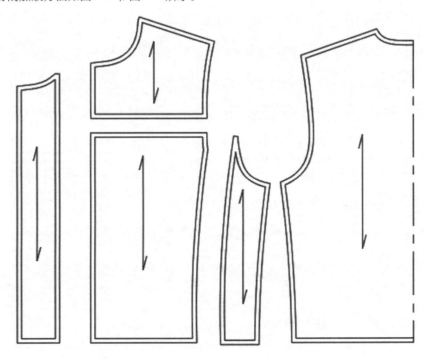

图9-37 男士夹克衣身的缝份加放

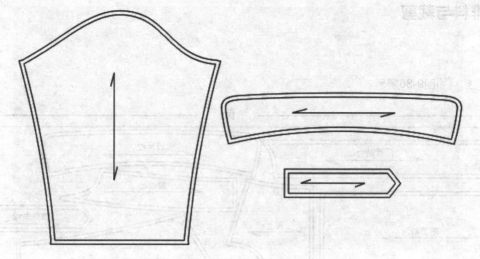

图9-38 男士夹克袖片和领片的缝份加放

9.6.3 缝制方法

步骤01 做缝制对位标记。

步骤02 做插袋，先缝合前片竖向分割，留出袋口位置不缝，然后参考挖袋缝制方法缝合口袋。

步骤03 做前衣身里布，将挂面与前片里布正面相对机缝，注意上下两层松紧一致。

步骤04 做后衣片，后片无过多工艺要求，主要是衣片下摆的褶裥缝制。

步骤05 合肩缝，将前后衣片正面相对机缝，缝份倒向后片，再将衣片翻至正面，在后衣片机缝0.8cm装饰线。

步骤06 做领，装领。

步骤07 做袖，装袖。

步骤08 锁扣眼，钉扣。

步骤09 整烫。